土壤

許正一
蔡呈奇
陳尊賢

著

在 腳 底 下 的 科 學

Soil
Science under the soles of the feet

序言

美國前副總統高爾（Al Gore）在一部有關氣候變遷的紀錄片「不願面對的真相（An Inconvenient Truth）」中提到：我們的大氣層只不過是地球表面薄薄的一層表皮。那麼，土壤呢？相較於大氣層，土壤的厚度幾乎薄到看不見，也讓民眾幾乎忘了土壤的存在。

土壤介於岩石、大氣、水與生物圈之間，做為橋梁連結這些不同特性的環境圈，傳遞與交換物質。一般民眾都知道土壤是提供糧食生產的基地，也就是說，土壤可以為植物生長提供水分、通氣、養分、物理性支持與保溫等等的功能，但事實上土壤還可以調節氣候，調控水資源，例如儲藏水分與淨化水質，而土壤也可以作為養分與有機廢棄物循環再利用的系統，土壤更是許多生物賴以生存的棲息地，而人類生活中所需要的房屋、道路等建築，都需要土壤做為工程基地。

土壤是非常珍貴與重要的自然資源。地球表面並非都是陸地，70%是海洋，陸地只有30%，扣除終年被冰覆蓋的地區、沙漠地區與其他不適合生物生存的地區，人類可使用的土壤資源非常有限。臺灣的面積不大，但有高達58%的面積是森林，而可以利用的土壤資源更是有限，身處在臺灣的我們更不能忽視土壤的存在與土壤的重要性。「萬物土中生」，深入去認識、了解與珍惜土壤，把乾淨的、生生不息的土壤資源留存下來，永續利用我們的土壤資源，是撰寫這本書的初衷。

謝誌

感謝簡士濠副教授協助繪製臺灣土壤之土綱分布圖，
並感謝林美華小姐協助繪製土壤五大功能、
土壤生物及不同坡度與厚度之土壤等圖片，
同時感謝張瑀芳小姐協助檢閱與修正文稿內容。

目錄

CH1
土壤概論 006

CH2
臺灣土壤的種類 056

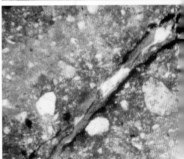

CHI

土壤概論

地球表面覆蓋著一層薄薄的、不過數公尺
厚度的土壤，我們如果把地球比喻成一顆
足球般的大小，那麼土壤就只是貼在足球
上的一張郵票的厚度而已，不過土壤卻是
所有人類、動植物與微生物生命之所寄。
土壤怎麼來的？它又有什麼功能和特徵？
現在就讓我們開始從土壤的成因，一探臺
灣這塊土地中土壤的奧祕。

▲稻米收穫後遺留下來的稻桿可補充土壤有機質的不足

什麼是土壤

❶ 土壤是怎麼來的

　　風、水、太陽輻射等風化的力量，讓岩石礦物的顆粒愈來愈小，也可能在風化時釋放出各種離子，這些離子可能流失掉，或可能重新組合為新的礦物，這些新礦物與原來殘留的岩石礦物，是構成土壤主要的物質之一，也就是無機物質的組成。土壤的組成分還包括有機物質，廣義的說，任何在土壤中的生物，包括動植物與微生物活體，或是生物活動時所產生的排泄物，與死亡後所遺留下來的遺體與殘骸等，都是土壤有機物質的一部分，不過影響土壤性質最大的有機物質是經過腐質化作用後產生的腐

▶ 玉米收穫後遺留下來的玉米桿可補充土壤有機質的不足

▶ 原野中放牧的黃牛所排出的糞便

▶ 土壤所生產的大豆不但是人類賴以生存的糧食，而且豆莢與殘株回歸到土壤後更可補充有機質含量

植質。當風化後的岩石礦物與有機物質，組合成土壤的架構後，形成孔隙，可以保水保肥，又有生物活動其間，這個天然疏鬆而且具有生命的自然體，就是人類賴以為生的土壤。

就定義上來說，所謂土壤是指地殼表層具有三度空間、獨立且變動的自然體，是由母岩歷經幾千年甚至幾十萬年才風化生成的。土壤是鬆軟的未固結物質，厚度不均，色澤不一，是由礦物質、有機物、水分與空氣所組成的（Brady and Weil, 2014）。以粒徑大小來說，直徑小於 0.2 公分的顆粒，就是土壤所研究的對象。

資料來源：Brady, N.C. and Weil, R. 2014. P.21-46. The soils around us. In elements of the nature and properties of soils. Pearson, Essex, UK.

土壤：在腳底下的科學

▶▼岩石的洋蔥狀風化現象

▼一望無際的肥沃土壤，憑添了大自然的美感

地球上最厚的土壤可能在 30 公尺左右，這跟地球半徑 6400 公里相比較，土壤是微乎其微的，但是土壤含有各種養分，不僅支撐著植物的

▲高度風化的洪積母質紅土厚度可高達 10 公尺以上

▼土壤厚度不到 20 公分的
　初步風化土壤

◀土壤是蚯
蚓賴以維
生的棲息
地

▲馬陸是土壤常見的動物之一

根可以立足生長，土壤中也存在著細菌、真菌、放線菌與藻類等各種微生物，而許多動物依賴土壤為棲息環境，所以，土壤是一切生命的起源。

▲螞蟻的活動是構成土壤孔穴的原因之一

◀大家都知道蟋蟀是土壤裡可愛的昆蟲，但是您見過蟋蟀的洞穴嗎

▼土壤中存在著各種生物

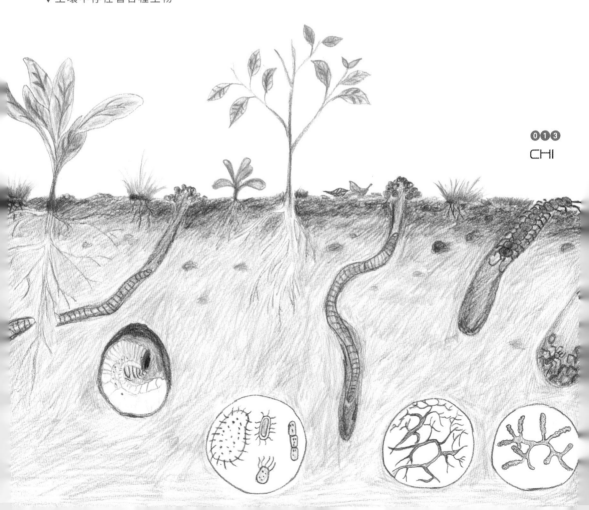

Box1

岩石變成土壤的過程

014

土壤：在腳底下的科學

🌰 物理風化作用

▲岩石因為風化作用開始出現裂縫

大塊的岩石、礦物，崩解成為小塊的岩石、礦物，但是化學組成分並沒有改變，稱為物理風化，例如受到日夜溫差所導致的熱脹冷縮作用，或是岩石裂縫中的水在結冰後體積變大而撐破岩石，或是岩石因為滾動而破碎等，都是物理風化作用的現象。

▼破碎的母岩提供了生成
土壤的材料

▼經過河水搬運的礫石，與原來未經風化的
模樣完全不同

🌰 化學風化作用

相較於物理風化，化學風化會使岩石、礦物發生化學反應而溶解產生離子，這些離子可能會流失在環境中，或是會重新組合形成新的礦物堆積在土壤。結合了物理、化學風化所形成的產物，就是土壤，而不同風化程度所呈現土壤的特性也就會不一樣。

▼ 風化後的母岩逐漸風化成氧化鐵而把土壤染紅

❷ 土壤的組成

　　土壤是由固相、液相及氣相所構成的，在固相部分是以風化以後的岩石礦物碎屑物以及有機質所組成，在一個適合種植農作物的土壤裡，這些約略占土壤單位體積的 50% 左右，而其他 50% 的空間，則是由土壤構造之間形成的孔隙所構成，做為儲存水分與空氣之用。

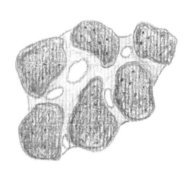

◀土壤顆粒間的孔隙是儲存水分與氣體的空間

　　在液相部分，水會將土壤固體物質中的離子溶出，這些離子是植物的根部吸收養分的主要來源。至於氣相部分，有別於大氣層中的氣體組成分，土壤氣體的氧氣濃度較低而二氧化碳濃度則較高。土壤中水與氣體比例的變化，會隨著土壤排水程度而不同，當土壤排水好比較乾燥的時候，氣體比例較高；當土壤較為潮濕或排水不良時，氣體的比例降低，土壤水的體積則變多。

　　當植物根部生長在堅實的土壤時，就可以強有力的支撐植物而使其不倒伏，土壤水供應了各種營養元素讓根攝取，而孔隙裡適當的氣體能使根順利呼吸，所以土壤的固相、液相與氣相維持在適當的比例下，植物就可以順利的生長。

▲生長在土層淺薄的植物，根系無法深入地下，當強風來襲時很容易被吹倒

Box2

土壤：在腳底下的科學

在觀察土壤時，我們常以感官或簡單的測定項目來了解土壤，而這些特徵也是管理土壤、研究土壤時所常用的：

🌰 厚薄

▲土層深厚的洪積母質紅土

🌰 肥沃與貧瘠

土壤有肥沃程度，顏色黑暗的土壤通常有機質含量較為豐富，是肥沃程度的指標。

▼顏色黝黑且有機物多的肥沃土壤

土壤的厚度，有些地方的土壤不到 10 公分，例如年輕的沖積平原土壤，但有些地方的土壤厚度確可超過 20 公尺，例如沉積物堆積年代久遠的臺地紅壤。

🌰 質地有粗細

土壤的質地，按照顆粒的粗細，有砂土、砂質壤土、壤土、坋質壤土、坋質黏土或黏土等不同質地等級的土壤。

▲砂土組成之構造　　▲坋土組成之大土塊構造　　▲黏土組成的黏性大土塊構造

🌰 各種顏色

土壤顏色,如紅色、黃色、紅棕色、灰色、黑色與灰藍色等,都代表土壤在母質條件不同下,歷經各種成土作用後所產生不同的性質。

▼黑色土壤

▼黃色土壤

▲紅色土壤

▼灰色土壤

🌰 酸鹼性

土壤酸鹼性,酸性、中性與鹼性的反應,都代表著不同的成土作用結果、管理方式的差異、土壤特性與養分供給能力。

🌰 排水是否良好

排水程度,土壤容不容易將水從內部排開,直接影響了水分、養分及空氣的流動,而間接影響微生物活動與根的生長。

▲排水良好的土壤

▲排水不良的土壤

一般人提到土壤時基本上會以上述這些特徵做為對土壤的初步印象，這些特徵當然都是影響植物生長的因素，而將土壤列入整體環境品質考量的時後，這些屬性也是評估土壤品質優劣的根據。

▼品質良好的土壤不但生產力高，同時也是調節環境品質的重要推手

▲土壤可生產令人垂涎欲滴的蔬果

土壤的功能

◀土壤可生產令人垂涎欲滴的豐盛大餐

　　禮記大學篇有載「有土斯有財」，的確有了土壤，才會有財富，歷史上許多國家的興起，都是因為擁有肥沃的土地，而一些國家的衰敗，也常與旱災造成土壤生產力下降有關。

　　植物能正常的從土壤裡生長，是土壤可提供足夠的水分，但這取決於質地粗細、排水好壞、通氣良好與否等物理性質，同時有賴適當的酸鹼值、保肥能力與有機質含量下決定了養分供給的能力，所以土壤的物理化學性質，決定了植物的根在土壤的分布與根的吸收能力。另外，各種微生物會將土壤中有機質所含有的養分轉化成可以被植物吸收的型式，讓植物有效利用。

▼肥沃的土壤是生物
歧異度很高的生態
體系

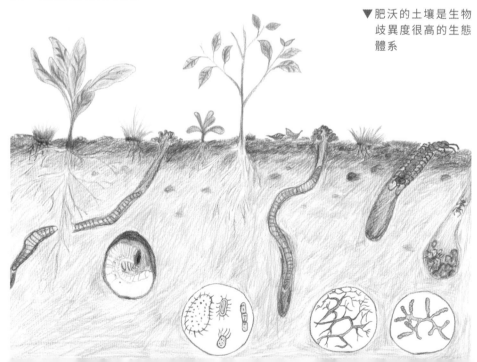

人類必須依賴土壤才能大量的生產農作物，所以土壤學是基於農業的需求所開始發展的領域，特別在二十世紀初期，隨著許多跨領域學科的發展，土壤學逐漸應用在地質學、地理學與生物學的研究中。

　　第二次世界大戰結束後，全世界的人口不斷的增加，所以人類對糧食的需求量也愈來愈高大，2050 年全世界達到 90 億人口，農作物必須要持續的增產，因此需要開發更多的農地，而農藥與化學肥料也被大量的投入土壤中。土壤資源因為人口、糧食與工業化等問題而逐漸耗竭，環境汙染問題愈來愈嚴重，自然資源無法被永續利用，這是二十一世紀的人類必須要正視的課題，而土壤是難以修補的自然資源，大家要落實行動加以保育。

土壤的五大功能

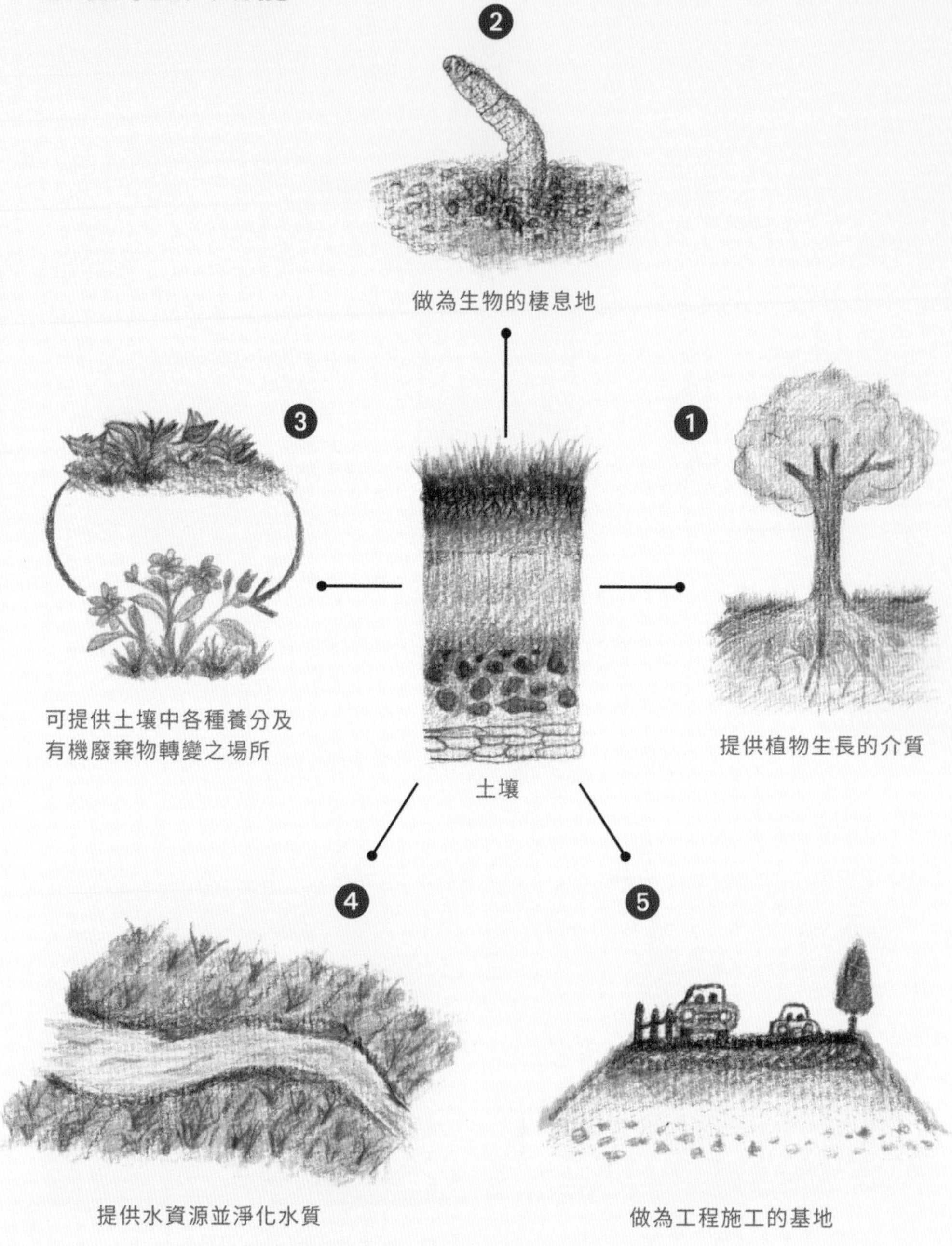

❷

做為生物的棲息地

❸

可提供土壤中各種養分及
有機廢棄物轉變之場所

❶

提供植物生長的介質

土壤

❹

提供水資源並淨化水質

❺

做為工程施工的基地

1. 提供植物生長的介質

　　土壤提供植株支撐力量並供給根部養分，植物生長的各種必需營養元素，唯有從土壤才能完整的吸收。土壤可調節過高或過低的溫度，讓植物能適應驟變的氣溫，土壤也可以發揮讓植物免於毒性物質侵害的功能。另外，不同的植物能適應不同的土壤性質，所以土壤性質有差異時，可能造就不同的植物分布。

▶土壤可以調節溫度，讓植物能適應氣溫的改變；不同的植物能適應不同的土壤性質

▲大部分的肥料必須施入土壤讓植物的根部吸收養分

　　土壤可以提供植物生長所需要的各種養分，即使植物需要施肥，這些肥料大部分也是施入土壤後來讓根部吸收，而施肥的效率，則是有賴土壤的有效管理來達成，所以農作物要有好的收穫與品質，維持健康的土壤是最好的方法。雖然時下有一些水耕栽培或是植物工廠的農作物生產方式，但是這些無土栽培方式很難大規模取代土耕，生產成本高，農產品價格高，大量人口主要仍是需要土壤的依存。

2. 做為生物的棲息地

▼獨角仙的幼蟲以土壤為棲息地

　　健康的土壤以一公頃表土 2000 公噸重量來算，只要隨手抓起一

把土壤，其中所含細菌、真菌、藻類、放線菌及原生動物等各種微生物的數量就可能高達 10 億個以上。除了微生物外，土壤中還有鼠類、昆蟲、蚯蚓、蝸牛、線蟲與輪蟲等各種動物。

3. 可提供土壤中各種養分及有機廢棄物轉變之場所

　　　　　　　許多物質在土壤中透過輸入、轉換與輸出等作用而完成這個物質在生態系中的養分循環。例如大氣中的二氧化碳，由綠色植物透過光合作用攝入後轉變成碳水化合物，而枯枝落葉掉落土壤後，成為土壤有機質的主要來源，最後被微生物分解利用，成為二氧化碳而又回到大氣中。這個循環如果缺少了土壤，將會影響一切的生命。

　　氮循環是另一個必須有土壤參與的例子，大氣中雖然高達 80% 左右都是氮氣，但是卻無法讓植物吸收利用，唯有透過土壤中的固氮菌吸收轉換成硝酸根與銨根離子，植物才能利用，而硝酸根型態與銨離子型態的氮之間，是依賴土壤中硝化菌與脫氮菌等在維持彼此間的平衡。另外，當具有毒性的汙染物進入土壤後，由於土壤具有吸附、沉澱、氧化還原等作用，能夠緩衝其對生態系的危害，但是這個緩衝能力還是有一定的限度，一旦汙染物濃度過高，還是會有土壤汙染發生，使土壤品質惡化。

▶垃圾掩埋後藉由土壤加以分解

◀施入土壤的氮肥除了被作物吸收外，也會在土壤中進行氮的轉換作用

4. 提供水資源並淨化水質

成土作用過程中，會產生許多構造內與構造之間的孔隙，這些孔隙的類別有土壤團粒之間的空隙、根在伸展時所形成的孔洞、動物活動時的通道或棲息的空間等等。孔隙是土壤水分的儲存空間與傳輸通道，地面的水能夠進入土壤，有賴這些孔隙的存在，同時水資源也得以在土壤受到保護。當水分通過土壤顆粒表面時，可藉由吸附、脫附、沉澱、氧化還原及離子交換等作用，以去除水中雜質達到淨水的功能。

◀▼由集水區所匯集的水，是經過土壤層層過濾後進入河川，再由水庫收集珍貴的水資源

◀經過土壤過濾的河水清澈見底

5. 做為工程施工的基地

◀容易膨脹收縮而
龜裂的土壤

　　土木工程不可避免要使用土壤做為基地或材料，例如公路、機場與房屋等，當土壤含有大量的蒙特石類黏土礦物時，很容易在雨天潮濕時體積膨脹，天晴乾燥時卻收縮，導致破壞建築結構或路面凹突不平與龜裂。另外，地震時會伴隨發生的土壤液化現象，常發生在含砂量很高但地下水位較淺的土壤，因為在地震大且搖動長時間下，高地下水水位的砂土會失去剪應力，使土壤變成流體。

Box3

臺灣岩石三大家族

🌰 火成岩

火成岩是由岩漿作用所形成的岩石，未噴出地表的岩漿凝固而成者稱為深成岩，例如花崗岩。噴出地表而凝固的則是噴出岩，例如陽明山的安山岩與澎湖的玄武岩。

▶ 澎湖的柱狀玄武岩

🌰 沉積岩

原來的岩石經過風化以後變成細粒碎屑沉積物，經過搬運、堆積、壓實、膠結與成岩作用後，即形成各種顆粒大小不一的沉積岩，例如礫岩、砂岩及頁岩，而由生物性沉澱物所膠結堆積的也算是沉積岩，例如石灰岩。沉積岩是地表分布最廣泛的岩類，約占陸地表面的 75%，所以也是臺灣地區主要土壤的母質。

◀砂岩與頁岩互
層是沉積岩中
常見的露頭

▼泥岩可說是膠
結力很差的一
種頁岩

▲礫岩是所有沉積岩中粒徑最大
的,由粗顆粒的原岩膠結而成
更大的岩塊

🌰變質岩

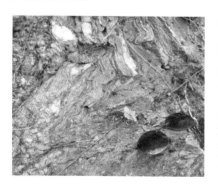

◀有褶皺的片岩是板塊擠壓而成的變質岩

岩石受到高溫與高壓但仍保持在固體
狀態下改變了化學組成分,產生新的
岩石,就稱為變質岩。臺灣地區的變
質岩主要分布在中央山脈東翼,是板
塊擠壓時強度較大的地區,所以在臺
灣中央山脈南北延綿三百多公里的高
山,都可發現變質岩。

▲彰化沖積平原的土壤剖面

土壤樣體與土壤剖面

土壤是一個立體的模式，沿著三度空間方向（X、Y、Z 三軸）而在形態特徵、物理、化學與生物性質有所變化，稱為「土壤樣體」。我們挖開一個土坑所看見的其中一個面，則稱為「土壤剖面」。在一個地區所見的相同土壤，都是由此種土壤樣體聚集組合而形成的群組，稱為「土壤樣體群」，或直接稱呼為某一類土壤的名稱（如黑色土、紅壤、棕壤等）（Brady and Weil, 2014）。

❶ 土壤剖面

土壤剖面是指地殼表層部分某一個垂直面，主要包括 O、A、E、B、C 等層次。一般將位於剖面表層的 O 或 A 層稱為「診斷表育層」（diagnostic epipedon），是土壤剖面中做為土壤分類的重要依據，因為診斷表育層除了可以看出有機物含量的多寡外，也可以看出人類活動對表層土壤的影響。例如黑沃表育層（mollic epipedon）是由豐厚的有機質與礦質土壤混合物所組成的，植物所需的鉀、鈣、鎂等鹽基性養分含量豐富，構造完整。有機表育層（histic epipedon）則是由厚度達 40 公分以上的有機質所構成的表土層，其有機碳的含量高達 12% 以上且一年中大部分時間都保持濕潤狀態。其他如人為表育層（anthropic epipedon）是以人工方式造成類似黑沃表育層的土層，常見特性為磷含量高。黑瘠表育層（umbric epipedon）是厚度較厚、深色、構造完整，與黑沃表育層唯一不同點是，黑瘠表育層的鹽基性養分含量較低。淡色表育層（ochric epipedon）是顏色較淺、低有機質、厚度也較黑沃表育

層薄。

　　位於剖面裡土層的 E 或 B 層稱為「診斷化育層」（diagnostic horizon），而將剖面的 C 層稱為「母質層」，是已經產生土壤物質可是仍殘留母岩的層次，而 C 層之下的完整母岩層稱為 R 層（Rock 層），但一般不將 R 層納入土壤體部分。

　　土壤的 O、A、E、B、C 等化育層是由表層而至深層的順序，這個順序不能改變，但不是所有土壤都一定會同時存在這五種層次。

Box4

土壤剖面圖

在土壤剖面中，C層以上的土壤層就是土壤的厚度，根據土壤剖面中各種層次的排列組合，同時考慮土壤的水分境況與溫度境況或其他重要的特徵，就可以將土壤加以分類。有了土壤分類的架構，才能將土壤做有系統的調查，並將調查結果以資訊技術呈現出來，作為土壤管理與國土地規劃利用的重要參考資料（Soil Survey Staff, 1993）。

參考資料：Soil Survey Staff. 1993. Examination and description of soils in the field. In Soil Survey Manual, Handbook No. 18, pp. 56–196. USDA-SCS, Washington DC.

🌰 O層

由枯枝落葉等有機質所堆積的表層，稱為O層，依有機質分解程度的高低，再細分為Oi、Oe和Oa層。Oi層是有機質僅僅些微分解的有機質層，其他的有機質都還是新鮮的枯枝落葉狀態。Oe層是有機

質呈現半腐狀態的有機物層次，除了有腐植質外，另一半的體積是新鮮的植物殘體；Oa層則為有機質分解程度最高的有機質層，有機質均分解轉變為深褐色的腐植物化物質。

Box4

土 壤 剖 面 圖

🌰 A 層

在 O 層的下方，有一層次由腐植化的有機質與礦物質粒子混合成之化育層，稱為 A 層。森林土壤與部分草原土壤的因為能累積較多的有機質，所以是以 O 層為表層，但是農田土壤與部分草原土壤，因為耕犁或放牧之故，使 O 層被混攪或已移去，所以表層土壤不會是 O 層，而是 A 層。

🌰 E 層

土壤剖面中的表育層或較上方的土壤層次，因為受到水分的強烈淋洗，使土壤中的某些物質產生向下移動的現象，這些可能移動的物質為有機質、黏粒、鐵鋁氧化物等，當其被淋洗出後，即成為淡色的漂白層，在野外通常呈現灰白色。

🌰 B 層

◀ 從表層土壤被雨水淋洗而聚積在裡土層土塊表面的黏粒膜

可移動物質洗入聚積的礦物質裡土層即為 B 層，這些洗入物質可能是有機質、黏粒、鐵鋁氧化物或鹽類等。按照洗入聚積物質的不同，命

◀植物的根腐爛分解後所遺留下來的根孔,成了 B
層土壤中洗入型黏粒聚積的主要場所之一

名為不同的 B 化育層,是主要的土壤分類依據之
一。例如黏聚層(argillic horizon),是指黏粒聚
積的 B 化育層;淋澱層(spodic horizon),是指
有機質與鐵、鋁形成錯合物共同洗入聚積的 B 化
育層;聚鈣層(calcic horizon),是指碳酸鈣或碳酸鎂聚積的 B
化育層;聚鈉層(natric horizon),是指鈉鹽聚積的 B 化育層;石膏層(gypsic
horizon),是硫酸鈣聚積的 B 化育層;氧化物層(oxic horizon),是指高度風
化後,低活性黏粒、鐵與鋁氧化物含量較多的強酸性 B 化育層;變育層(cambic
horizon),僅受到物理性移動或是化學性反應造成母質的轉變而生成土壤構
造,僅比 C 層顏色較偏黃的層次,尚無可移動物質累積。以上各種 B 化育層
的出現與否,要視氣候與地形等因素而決定,並不會全部都出現在臺灣地區。

▲淋澱層常見於阿里山及太平山地區

淋澱化是臺灣冷涼潮濕而且平坦
的針葉林土壤之主要化育作用,
雨水會將表層厚實的有機物溶出
有機酸,這些有機酸將下層土壤
的矽酸鹽礦物加以溶解後,成了
被漂白的洗出層,而有機酸再接
著與鐵、鋁結合後往更下層移動,
成為暗紅或暗黃色的淋澱層。

🌰 C 層

在 B 層下方的層次,不會有上述所提到任何層次的特徵,而是
存在剛從母質轉變而來的土壤物質,仍殘留破碎的風化母岩,
但也不是完整的岩磐,即稱為 C 層。有了以上這些 O、A、E、
B、C 層次的排列與組合,再考慮水分與溫度條件,就可以進行
土壤的分類。

▲土壤的生成是母質、地形、氣候、生物與時間的函數

土壤生成的五大因子

—— 母質、地形、氣候、生物、時間

① 母質

　　生成土壤的物質，即稱為母質（parent materials），絕大多數的土壤母質，都是岩石礦物風化而來，唯獨有機質土壤是生物殘體所堆積出來的，例如泥碳土（peat soils），因此能認識地表出露的岩石，即是對土壤母質與特性能有概況的認識。臺灣的土壤母岩含蓋了火成岩、沉積岩與變質岩三大岩類。火成岩主要有北部的安山岩與澎湖的玄武岩；沉積岩有礫岩、砂頁岩、石灰岩，以臺灣西部為主；變質岩為板岩與片岩等，其他如片麻岩、變質砂岩與大理岩等很少出露成為具有規模的土壤母質。

安山岩

安山岩母質主要分布在北部的陽明山國家公園之大屯火山群,在化學組成上,由於鐵、鎂等密度較大的元素含量較少,所以火山噴發較為劇烈,是臺灣最常見、分布最廣的火成岩。安山岩是酸性母質,鈣與鎂的含量較低,所以由此母質化育而來的土壤通常都是酸性的。

玄武岩

玄武岩含鐵鎂質礦物較多,所以在噴發時是緩和的,因此可見到澎湖群島的地形都是方山為主,它最大的特徵是因為岩漿階段時極為濃稠,遇空氣凝固時會形成六角形的柱狀節理,形成在地景上大規模壯觀的石柱聚集。在外觀上,因鐵含量多所以玄武岩是黑色的,風化後氧化鐵會將顏色染成紅色,而土壤通常是鹼性的。

◀陽明山國家公園的安山岩露頭

▼玄武岩是黑色的,風化後氧化鐵會將顏色染成紅色

礫岩

礫岩是礫石堆積後膠結擠壓所形成，岩性較其他沉積岩為堅硬，地形上較為突出經常成為山峰或山

▲礫岩層中的礫石

脊。臺灣的礫岩層中的礫石成分，常見有變質砂岩與少量的火成岩，主要分布在臺灣西部臺地與丘陵。礫岩或礫石層中的孔隙較大不易含水，因此礫岩形成的地區經常無法蓄含大量地下水，所以地表的耕地經常成為旱地，不容易耕作。因為暴露在地表的礫石層在地形上較不穩定，所以由此化育而來的土壤厚度較薄、層次不明顯、質地較為粗糙。

砂岩

砂岩中主要的礦物為石英，用手觸摸有沙紙般的粒感，外觀呈層層的岩層，具有各種不同的沉積構造，如交錯層理、平行層理或波痕。每一次被水流搬運來的堆積量不同，因此形成的每一層砂岩厚度都不同，而單層砂岩厚度可從數十公分至數公尺，是臺灣最常見的沉積岩，主要在西部麓山帶與丘陵。砂岩層往往會與頁岩層交錯堆疊，形成砂頁岩互層。尚未風化的砂岩是灰白色或青灰色，但經過風化後由於鐵的氧化作用，會轉變成黃色或紅褐色，不過因為鈣與鎂的含量不高，所化育形成的土壤通常是酸性的。

◀砂岩是臺灣最常見的沉積岩，主要在西部麓山帶與丘陵

頁岩

頁岩分布範圍非常廣，和砂岩分布的區域一樣，只要是沉積岩地區都有頁岩，但是頁岩的顆粒非常細，觸摸時沒有粒感。頁岩外觀的特徵是狀如書頁般的薄片層理，膠結程度較低，風化後很容易一頁一頁的剝落，如果頁岩的成岩環境在壓實與膠結程度上均很差，不會出現薄片層理狀，即稱為泥岩，但在組成上會類似頁岩。膠結不良的頁岩容易受到雨水的侵蝕，地表的土壤層不易保持且不易蓄含水分，因此頁岩的地表較為乾旱。臺灣地區出露泥岩的地區，下雨時往往造成土壤沖蝕，這種泥岩惡地形，就是南部俗稱的月世界。頁岩因為鐵含量少，因此成土後的顏色偏灰色，特別是泥岩又因為鈉含量較多，因此土壤通常是呈鹼性的。

▼臺灣南部的月世界泥岩惡地形

土壤：在腳底下的科學

石灰岩

◀石灰岩碎屑與紅土

▼屏東硫球嶼的珊瑚礁

　　石灰岩顧名思義是指石灰質的岩石，所謂石灰質是指由大量的碳酸鈣組成的岩石。臺灣的石灰岩是由珊瑚或貝殼等遺骸堆積的礁石，再經膠結而成，分布在南部地區，例如高雄市的大小岡山、半屏山、壽山以及屏東縣的恆春、硫球嶼。特別指出的是，臺灣地區珊瑚礁石上覆的表土並非是鹼性的，原因是構造運動將珊瑚礁抬升至陸地後，內陸沉積物與風積物質會堆積在珊瑚礁上形成土壤，也就是這些土壤的母質並非以碳酸鈣為主，所以愈接近表土愈是酸性的。

土壤：在腳底下的科學

板岩

臺灣的板岩主要出露在中央山脈，因岩石中具有劈理面構造，風化或敲擊之後呈板狀剝落，外觀呈板狀所以稱為板岩，由頁岩輕度變質而成，顏色呈黑色或灰黑色，在陽光照射下劈理面會閃閃發亮，外觀經常呈板狀平面，劈理面寬約數公分，板面長約數公尺。板岩的岩性較為脆容易風化呈較細粒的泥沙，所以臺灣地區流經板岩地區河川的河水中一定攜帶大量泥沙，造成河水混濁，例如濁水溪與高屏溪。由板岩生成之土壤會偏鹼性的。

片岩

片岩主要出露在中央山脈東側的脊梁山脈，片岩是因岩石中具有片理構造，風化或敲擊後呈片狀剝落。片岩的顏色有黑色、灰色與綠色，以所含的礦物成分分類則稱為石墨片岩、石英片岩與綠泥石片岩。片岩中經常可以看見褶皺構造，較板岩的變質度高，原來的岩石是細粒的沉積岩如頁岩、泥岩或砂岩，是沉積物被深埋並受到擠壓時，產生變形並生成新的礦物後所形成。由於片岩的變質程度比板岩要高，抗風化能力較強，由片岩或片岩沖積物所化育的土壤厚度都較薄。

▼板岩易於做建材使用

▼片岩具有片理，經常可以看見褶皺

◀藍綠色的蛇紋石帶有淡
綠色帶狀的石綿

　　蛇紋岩是富含鎂的超基性火成岩類經熱水蝕變後的低度變質岩類，主要原岩為橄欖石與輝石，是一種密度高但又柔軟的變質岩，岩石表面呈藍綠色，非常光滑，主要組成礦物是蛇紋石，岩石中常發現有白色或淡綠色帶狀的石綿，出露在花東的海岸山脈與中央山脈東側。蛇紋岩抗風化能力較弱，因此隨著地形不同，在許多地方土壤性質差異很大。初步風化的蛇紋岩土壤顏色為暗灰色，土層淺薄，屬弱鹼性或中鹼性。隨著風化程度的提高，氧化鐵累積後，土色很容易變紅，土壤層次明顯，且 pH 值呈酸性。不過，全世界蛇紋岩土壤共同的特徵是鎂含量高於鈣，而鉻、鎳等重金屬含量偏高。

❷ 氣候

　　溫度和雨量是影響臺灣地區土壤化育的主要氣候因素，溫度愈高，岩石與礦物的風化速率較快，有機質的分解速率會提高。雨量高低會影響土壤剖面中可移動物質洗出與洗入作用的強弱。當然，氣候對動、植物種類分布的影響，也間接影響了土壤的性質。

　　就雨量而言，臺灣地區年均最高與最低雨量地區相差兩千公釐以上，所以土壤淋洗作用的程度差別就很大，相對地蒸發散量的不同就會影響土壤鹽化的潛勢。就溫度來說，臺灣南北的差異對土壤生成的影響不大，但海拔高度的差異對土壤性質影響就很大，但整體而言，雨量的影響遠比氣溫重要。

▼河川與土壤是調配水　　▶臺灣地處亞熱帶海洋氣候
　資源的重要環境　　　　　帶，高溫多雨的環境更
　　　　　　　　　　　　　加劇了土壤的化育作用

❸ 生物

▲處理垃圾時加以掩埋也是影響土壤生成的因素

▲植被完整的森林通常會有厚層的 O 與 A 層土壤

植被種類與動物的活動會影響土壤的性質，例如針葉林能累積較多的有機質，所以 O 層較厚，但因有機酸較多故土壤 pH 值較低，而闊葉林多在氣溫較高之處，枯枝落葉較易分解，所以 O 層較針葉林薄，但因為葉片中鹽基性離子較多之故所以土壤 pH 值比針葉林高。至於草原土壤因為沒有枯枝落葉的累積，不會有 O 層，但卻因為草類分解累積的腐植質較多而有較厚的 A 層土壤。

至於動物對土壤之影響，主要是人類活動、蚯蚓與白蟻。近千年來地球上逐漸明顯的各種人類活動，也是影響土壤生成的主要因素之一，例如農業活動（開墾整地、水田化作用、放牧行為）、工業活動（工程級配物料回填、廢棄物堆置、掩埋）及都市開發（公園、遊樂場、休閒綠地）等。這些人為活動影響所形成的土壤，在形態特徵與理化性質上與自然

形成的土壤差異極大，乃至於其對生態環境之衝擊，亦迥異於非受人類擾動過之土壤，例如土壤剖面質地的改變、化育層的命名、客土、深層擾動及表土化學性質改變等。所以，人為土簡單地說就是受人為活動所擾動的土壤（anthropogenic soil）。臺灣地區最典型的受到人類活動影響之土壤莫過於水田，這在第二章將有詳細介紹。

蚯蚓可增加土壤通氣性與排水性，經蚯蚓消化後的土壤團粒能有效改善土壤性質，幫助土壤形成穩定團粒構造，促進氮的礦化。白蟻會影響微地形的發育與土壤的分層作用，而白蟻塚的物理化學性質有別於其他土壤。通常蚯蚓影響土壤表層的化育，而白蟻則影響下層土壤的化育。

❹ 地形

坡度與坡向是影響土壤生成的主要地形因素，坡度大的土壤的容易發生沖蝕，雨水不容易入滲進土壤中，所以陡坡上的土壤含石量較多、土層淺薄而且分層不明顯。反之，地勢平坦的土壤，土層較厚，分層也較明顯。另外，向陽坡的土壤因為溫度較高且濕度較低，所以土壤有機質分解的速率也較快。臺灣的地形大致上可分為中央高山區、丘陵山地區、臺地區與平原谷地區。在本書第二章中，將進一步詳細介紹這些不同地形區的土壤。

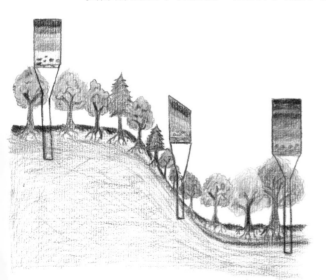

◀坡度不同，土壤的厚度也不同

❺ 時間

　　土壤生成時間的長短，攸關其各種化育作用的強弱所表現出來的特性，因此就土壤生成條件而言，時間是母質、氣候、植被與地形變化的主要因子。例如臺灣地區在台地上常見的紅壤，生成土壤的歷史甚至有數十萬年以上，經長期的風化作用後，矽酸鹽礦物崩解殆盡，土壤中富含鐵、鋁氧化物，酸鹼值很低，屬強酸性土壤，足見時間對土壤生成的影響。但像臺灣西部平原地區常見的沖積土，在近代歷史裡河川不斷的改道下，導致土壤堆積年代較新，淋洗作用薄弱，土壤層次分化不明顯。

▼臺灣西部的紅土礫石臺地，
　成土時間可能高達數十萬年

▲土壤生產力需依賴水資源的調配

土壤的溫度與水分含量狀況

▲土溫太低農作物也會凍死

　　土壤的溫度與水分含量狀況不僅深深影響植物生長的好壞，也控制了生物多樣性、環境品質甚至社會與文化，例如植物種類分布與生長情形、自然與人文景觀的變化與人類生活的習性等。影響土溫的外在因子有緯度與高度、坡向與坡度及覆蓋等，而內在因子則包括土壤吸熱能力（熱傳導特性）、顏色與水分含量多寡等。根據美國土壤新分類系統，將土溫的狀況分為下列六種：

永凍的 (pergelic)

年平均土溫低於攝氏零度，土壤處於永久凍結的狀態。

嚴寒的 (cryic)

年平均土溫介於攝氏 0 至 8 度之間，土壤控制層（土壤深度在 25 至 100 公分範圍）在一年中約有 2 個月是凍結的狀態。

寒冷的 (frigid)

土溫在夏季時較「嚴寒的」溫暖，年平均土溫仍低於攝氏 8 度，但其平均冬夏溫差大於 5 度，而如果冬夏溫差小於 5 度則另稱等寒冷的（isofrigid）。

溫和的 (mesic)

土溫介於攝氏 8 至 15 度之間，但其平均冬夏溫差大於 5 度，而如果冬夏溫差小於 5 度則另稱等溫和的（isomesic）。

熱的 (thermic)

土溫介於攝氏 15 至 22 度之間，其平均冬夏溫差仍大於 5 度，而如果冬夏溫差小於 5 度則另稱等熱的（isothermic）。

炎熱的 (hyperthermic)

年平均土溫大於攝氏 22 度，但其平均冬夏溫差大於 5 度，而如果冬夏溫差小於 5 度則另稱等炎熱的（isohyperthermic）。

▼▼美國阿拉斯加地區的
永凍土

　　以臺灣地區而言，平原至丘陵海拔 600 公尺以下地區的土壤溫度狀
況都是炎熱的，山區 600-1500 公尺區域的土壤溫度為熱的（15-22˚C），

高山 1500-3300 公尺地區則為溫和的，在 3300 公尺以上應有部分地區屬於寒冷的。

　　至於土壤水分，存在土壤表面或孔隙中分為三種類型，也就是吸著水（hydroscopic water）、毛管水（capillary water）與重力水（gravitational water）。吸著水是以強大的吸附力量直接附著在土粒表面的水分子，毛管水是以毛細作用保持在具有毛細作用的較小孔隙中，而重力水則是經重力作用可在土粒間自由移動的水。對植物的生長而言，根只能利用毛管水和部分的重力水。通常，我們說土壤含水的狀況有乾燥、濕潤和潮濕三種，乾燥的時候只有吸著水，植物沒有辦法利用，濕潤的時候含有毛管水，適合植物利用，潮濕的時候則因為水分太多而氧氣太少也不適合植物生長。為了農業與生態上的用途，我們會把土壤水分含量的控制層（25-100 公分深）的狀況再細分為以下五種：

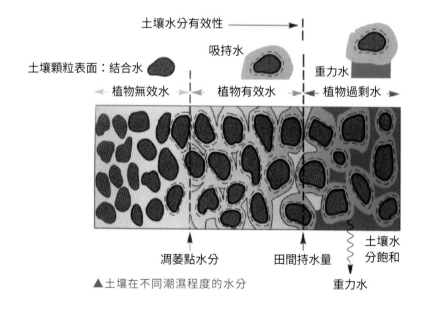

▲土壤在不同潮濕程度的水分

浸水的 (aquic)

土壤一年中有 3 個月以上是處於飽和狀態的，也就是孔隙間已充滿水分，並且有自由水的流動，像是濕地土壤或水田土壤等。

濕潤的 (udic)

在一年度內，每個月平均降雨量大於蒸發量，全年累積乾燥的時間不會超過 3 個月，這是臺灣絕大多數土壤的水分狀態。

乾旱的 (aridic)

是乾燥氣候帶與沙漠地區土壤水分狀況的特徵，平均蒸發量遠大於降雨量，全年累積乾燥的時間超過 6 個月，臺灣並沒有這種土壤水分狀態。

暫乾的 (ustic)

水分狀況介於濕潤的與乾旱的之間，平均降雨量約略等於蒸發量，全年累積乾燥的時間可能會超過 3 個月，臺灣西南部某些鹽分地土壤即屬於這種土壤水分狀態。

夏乾冬潤的 (xeric)

這是在地中海型氣候帶才有的土壤水分狀況，也就是全年的降雨是集中在冬季，夏季卻是乾燥的，例如環地中海的國家、美國加州等地區，臺灣並沒有這種土壤水分狀態。

臺灣土壤的種類

臺灣面積雖小，可是就美國新土壤分類系統的 12 個土綱來算，臺灣就擁有 11 個，可見得臺灣的土壤歧異度非常高，可說是世界之冠，我們應當加以珍惜，並進一步認識這些土綱的主要成土作用。

▲土壤是否能穩定的生成與環境因素有關

土壤生成過程中之重要化育作用

12 個土綱與主要特徵

土綱	中文名稱	主要特徵
Alfisols	淋餘土	有黏聚層或聚鈉層的存在，中到高的鹽基飽和度
Andisols	灰燼土	具有火山灰土壤特性，多為鋁英石或腐植質鋁
Aridisols	旱境土	乾旱的水分境況，具有淡色表育層，有時會有黏聚層或聚鈉層
Entisols	新成土	土層化育厚度薄，常為淡色表育層，沒有 B 化育層
Gelisols	永凍土	在 1 公尺內具有永凍層，有冰擾動的痕跡
Histosols	有機質土	有 20% 以上的有機質
Inceptisols	弱育土	化育程度低，少有診斷特徵，有淡色或黑瘠表育層及變育層
Mollisols	黑沃土	有黑沃表育層，具高鹽基飽和度，土色深，有黏聚層或聚鈉層存在
Oxisols	氧化物土	具有氧化物層，無黏聚層，高度風化
Spodosols	淋澱土	有淋澱層，有鐵鋁氧化物與腐植質累積
Ultisols	極育土	具有黏聚層，鹽基飽和度低
Vertisols	膨轉土	高膨脹性黏土，當土層乾燥時會形成深裂縫

土壤分類檢索方式

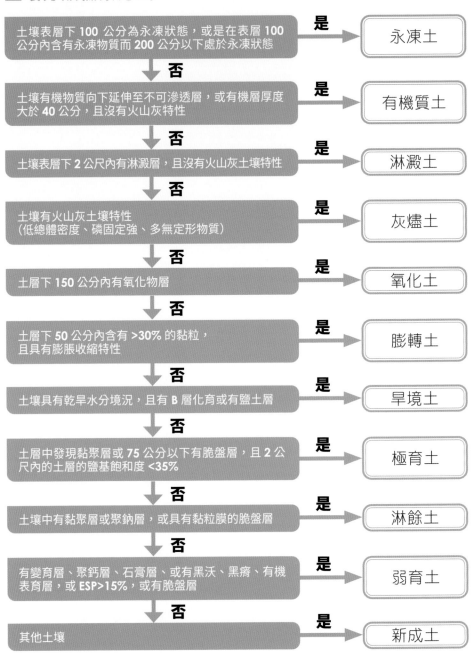

土壤表層下 100 公分為永凍狀態，或是在表層 100 公分內含有永凍物質而 200 公分以下處於永凍狀態 —是→ 永凍土

否↓

土壤有機物質向下延伸至不可滲透層，或有機層厚度大於 40 公分，且沒有火山灰特性 —是→ 有機質土

否↓

土壤表層下 2 公尺內有淋澱層，且沒有火山灰土壤特性 —是→ 淋澱土

否↓

土壤有火山灰土壤特性（低總體密度、磷固定強、多無定形物質） —是→ 灰燼土

否↓

土層下 150 公分內有氧化物層 —是→ 氧化土

否↓

土層下 50 公分內含有 >30% 的黏粒，且具有膨脹收縮特性 —是→ 膨轉土

否↓

土壤具有乾旱水分境況，且有 B 層化育或有鹽土層 —是→ 旱境土

否↓

土層中發現黏聚層或 75 公分以下有脆盤層，且 2 公尺內的土層的鹽基飽和度 <35% —是→ 極育土

否↓

土壤中有黏聚層或聚鈉層，或具有黏粒膜的脆盤層 —是→ 淋餘土

否↓

有變育層、聚鈣層、石膏層、或有黑沃、黑瘠、有機表育層，或 ESP>15%，或有脆盤層 —是→ 弱育土

否↓

其他土壤 —是→ 新成土

土壤生成之基礎過程中包括以下四種方式，此等作用隨時均可發生，因此稱為土壤的一種動態系統（dynamic system）：

⊙以固體、液體與氣體狀態添加有機的與礦物質的物質至土壤體中。

⊙以上各種有機與無機物質自土壤中損失。

⊙各種物質在土壤體內自一點移至另一點。

⊙在土壤體內礦物質與有機物之變質。

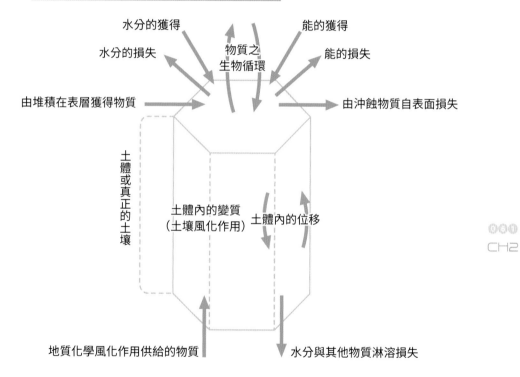

▲土壤生成的基礎過程

　　促使移動之主要原動力，不外淋溶（leaching）、洗出（eluviation）、洗入（illuviation）、植物吸收（plant absorption）與若干物理現象及生物化學作用，如此而發生物質之增加、損失、位移與變質作用，各項作

用具有相互關聯的綜合影響雖慢，但為連續不斷的反應；土壤剖面中之各化育層（soil horizons）之形態與性質上的差異，即由此而造成，亦為區分土壤之依據。

在土壤生成過程中，所發生之各種錯綜複雜的化育作用，皆為針對母質而反應，故與生成土壤所表現的特徵有極密切的關係。各種化育作用可同時發生，可互相影響，可發生相增或相減之關係。

① 淋溶作用

專指可溶性組成分自土壤中移出之過程。當某處降雨量超過蒸發量時，易溶性的鹽類皆溶解於滲透水中，向土壤下層滲透。結果造成可溶性鹽類皆被移入排水中，使得濕潤區之土壤內不存在有可溶性鹽類。此項淋溶作用的主要影響可使土壤逐漸變得較酸，並引導土壤發育成為變遷或風化 B 層（cambic of weathered B horizon）

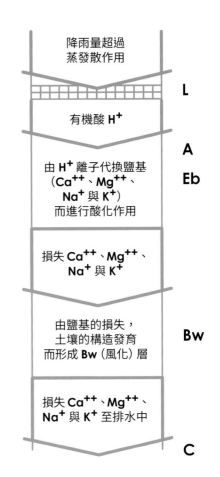

▶ 淋溶作用之過程

❷ 洗出作用及洗入作用

洗出作用中包括兩個步驟，即：

（1）促使某些成分成為可移動的狀態，與（2）使這些成分發生位移。一般皆為膠體物質自上部層位向下部層位移動。最重要的結果是發育成富含黏粒的 B 層，通常稱為黏聚層（argillic horizon）、或 Bt 層（bt hoyizon）或質地 B（textural B horizon）。

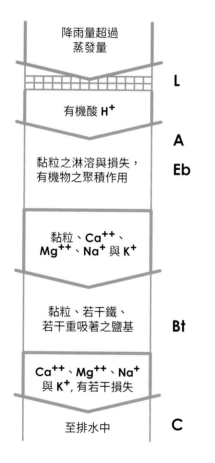

洗入作用包括位移與停止其移動兩個步驟，一般皆指自上部層位移來之膠體物質在下部層位中發生聚積的現象。洗入作用可認為係純屬懸浮在土壤溶液中的粒子，以機械性的移動向下層洗入積聚。亦由於此一理由，本作用過程常指稱之以其法國名稱，即機械洗出作用（lessivage）。

◀ 洗出作用之過程

❸ 淋溉化作用

　　此作用在冷涼濕潤地區之土壤中盛行。淋溉化作用包括有一極酸腐植質層，通稱為鬆散腐植質（mor），其為自植物殘體如石楠屬常青灌木或針葉樹而來者，分解作用進行甚緩，因此可允許有落葉枯枝、發酵與腐植質等層次聚積。雨水降落至植物體上，自植物獲得可溶性的崩解物質，並滲漏流經鬆散腐植質層而進入礦物質土壤中，此溶液可藉瓦解礦物構造、釋放組成元素而使黏土礦物發生破壞。於是，矽酸、鋁和鐵與有機物組成複合物，變成可移動性的，且隨土壤溶液向下滲漏而自表土層中移出。在洗出層中可移動之氧化鐵自礦物質土粒表面集合鋁與有機物最後皆為堆積在洗入層（illuvial horizon）中。

▶阿里山地區土壤的淋溉化作用

▶淋溉化作用之過程

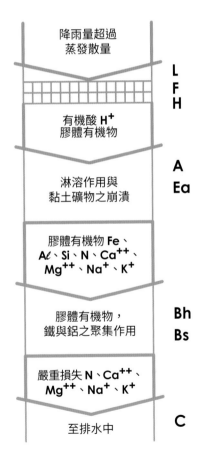

降雨量超過
蒸發散量

L
F
H

有機酸 H^+
膠體有機物

A
Ea

淋溶作用與
黏土礦物之崩潰

膠體有機物 Fe、
$A\ell$、Si、N、Ca^{++}、
Mg^{++}、Na^+、K^+

Bh
Bs

膠體有機物，
鐵與鋁之聚集作用

嚴重損失 N、Ca^{++}、
Mg^{++}、Na^+、K^+

C

至排水中

❹ 鈣化作用

　　鈣化作用為低降雨量地區之特質，淋溶作用輕微，甚至不發生向下層移動；可溶性組成皆自土壤剖面上層中移出；此類土壤僅可濕潤至深度 1 公尺與 1.5 公尺間，水分又開始蒸發。碳酸鈣組成之聚鈣層（calcic horizon）為聚積在 B 層中或 C 層之上部，該處即為降雨（或雪融化水）向下滲漏後之停止處。交換能力（exchange capacity）以鈣離子占優勢，鎂離子居次要。

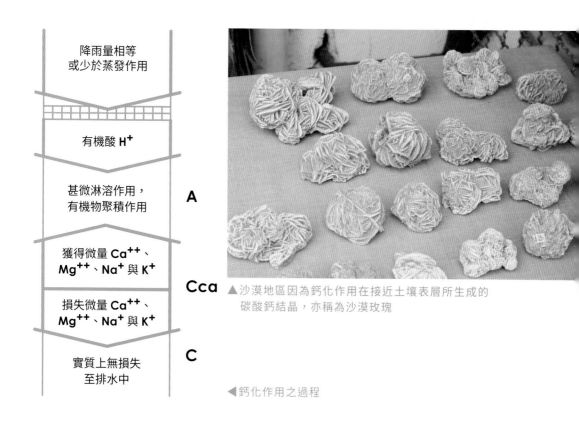

降雨量相等
或少於蒸發作用

有機酸 H⁺

甚微淋溶作用，
有機物聚積作用　　**A**

獲得微量 Ca⁺⁺、
Mg⁺⁺、Na⁺ 與 K⁺

　　　　　　　　Cca

損失微量 Ca⁺⁺、
Mg⁺⁺、Na⁺ 與 K⁺

　　　　　　　　C

實質上無損失
至排水中

▲沙漠地區因為鈣化作用在接近土壤表層所生成的碳酸鈣結晶，亦稱為沙漠玫瑰

◀鈣化作用之過程

❺ 紅棕化作用

　　若干熱帶地區有顯著乾燥季節，與亞熱帶常遭受強烈夏季乾旱地區皆有利於紅棕化作用發生，此類土壤當乾燥季節進行脫水與在雨季進行淋溶，而土壤脫水時會造成水化氧化鐵轉變成為赤鐵礦（haematite or hematite），使土壤呈現鮮紅色澤，此種化育稱為紅棕化作用。

▼金門地區發育自花崗岩母質之土壤，因夏季強烈乾旱，土壤呈現鮮紅色澤

⑥ 鐵鋁質化作用

　　濕潤熱帶地區土壤生成作用之特質，曾被稱為磚紅壤化作用（laterizatiton）、磚紅土化作用（latosolization）或高嶺土化作用（kaolinization）。此過程包括有相對的三氧化鋁鐵的累積及矽酸的損失，長期暴露在濕潤熱帶環境下造成高度受風化、低鹽基情況的氧化物層（oxic horizon）。鐵鋁質化作用常伴隨發生在土壤受強烈淋溶作用者，故pH值皆低。

▶鐵鋁質化作用之過程

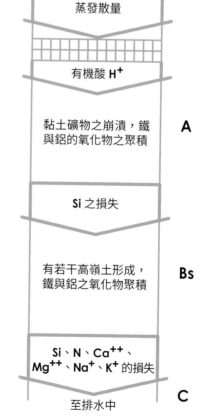

▼氧化物土（桃園茶改場）所呈現出來的土壤形態

❼ 鹽土化作用

　　主要為亞濕潤區、半乾燥區、乾燥區以及若干濱海濕潤區，當處於低窪地形上，其鹽類聚集作用迅速於淋溶作用時，可以發生鹽土化作用。鹽類之聚積常盛行於低窪地，黏粒含量高，滲透度低，與淋溶作用少之土壤中。其中以氯化鹽類與硫酸鹽類為主體，硝酸鹽類與硼酸鹽類（borates）均屬罕見者。此類土壤皆能發展成一含可溶鹽分的表面皮殼（結皮），即常稱之白鹼土或鹽土，特徵是皆具有一鹽土層（salic horizon）。鹽分來自富含鹽分之地質基層、或導源自鹽質海水浪花、或

海霧飛向內陸而逐漸聚積在乾燥或半乾燥地區之無淋溶土壤中，此類土壤稱為原生鹽土（primary saline soils）。在乾熱地區，農業灌溉形式下，甚至僅含有少量可溶鹽類水分亦可促成土壤之鹽土化作用，由此結果而造成者稱次生鹽土（secondary saline soils），因其僅發生在受人類干擾的自然環境下。但不論在原生或次生鹽土兩者中，其地下水位之深度均極為重要。

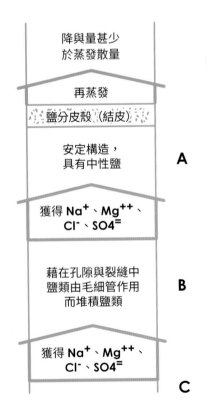

▶鹽土化作用之過程

土壤：在腳底下的科學

▲原生鹽土

▲次生鹽土

⑧ 鹼土化作用

　　當黏粒—腐植質複合之交換位置上以鈉離子占優勢時會發生鹼土化作用，此作用可由輕度淋溶作用移出可溶性鹽分而達成。鈣與鎂之溶解度皆低於鈉，在兩價離子如鈣與鎂等已沉澱後，鈉仍殘留在土壤溶液中即可造成。乾燥亦可濃縮殘留鈉離子使之附著及獨占於黏粒—腐植質複合物上之可交換位置而生成聚鈉層（natric horizon），結果造成黑鹼土（black alkali 或 solonetz）。

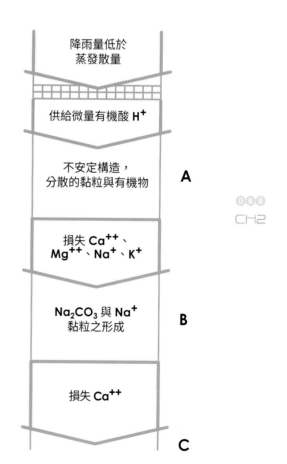

降雨量低於蒸發散量

供給微量有機酸 H⁺

不安定構造，分散的黏粒與有機物　　**A**

損失 Ca^{++}、Mg^{++}、Na^+、K^+

Na_2CO_3 與 Na^+ 黏粒之形成　　**B**

損失 Ca^{++}

　　C

▶鹼土化作用之過程

⑨ 鹼土退化作用

　　係指自交換位置上移去鈉離子，此一作用亦包括促使黏粒變為高度分散者。分散現象係發生在當鈉離子受水化時，結果可造成退化型鹼土（solodized solonetz）至脫鹼土（solod）。脫鹼土為金屬陽離子之大量淋溶並以氫離子占優勢，造成酸性土壤。

⑩ 灰黏化作用

　　在空氣缺乏的地下水帶，鐵溶解的可能性會經常存在，尤其在有機物分解而加強還原作用時更甚，在如此情形之下，乃產生灰色、綠色或帶有藍色的還原層。在含有鐵分的地下水與空氣接觸之處，鐵則被氧化

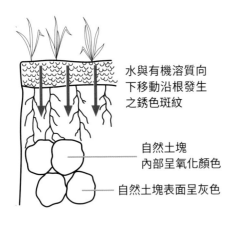

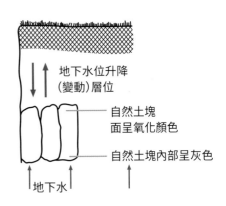

▲典型地下水與地表水灰黏土剖面特徵

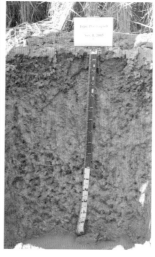

而以游離氧化鐵之型態成為斑點（塊）、條紋或結核而沉澱，此即普通所
謂之灰黏化作用。灰黏土有兩種基本形態被承認：當於一土壤剖面內某
處發生不透水層，則造成地表水灰黏土（surface-water gley）；當某處土
壤直接覆蓋下有一不透水層，並由該層向上升起之水分而造成灰黏土，
稱為地下水灰黏土（ground-water gley）。

①① 黑色化作用與淡色化作用

　　黑色化作用為將原先未固結之淡
色礦物質混合以有機物而使之呈現暗
色，例如在暗色 A 層，或黑沃表育
層（mollic epipedon）或黑瘠表育層
（umbric epipedon）。淡色化作用是

▲土壤的黑色化作用
▶土壤的強烈淡色化作用

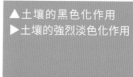

指暗色有機物質或經變質而轉變為淡色物質或自土層中移出而消失，因而使土層變為帶灰白色之現象。此兩作用造成之方式有若干不同：黑色化具有物質之添加與位移兩種作用之過程；淡色化具有物質之位移或變質兩種作用之過程。

⓵⓶ 土壤騷動或渦旋作用

此為在土壤中所發生的混合作用過程，所有的土壤中均有某種程度之混合現象發生，已承認若干種之土壤騷動作用包括：

動物區系的土壤騷動作用 (Faunal pedoturbation) 如由螞蟻、蚯蚓、嚙齒動物以及人類自身所導致之土壤混攪現象。

▲由蚱蜢（左）與螞蟻（中及右）所造成的土壤混攪現象

植物區系的土壤騷動現象 (Floral pedoturbation)

如由大樹之傾斜倒伏所形成之小土坑（pits）與小土丘（mounds）；植根在土壤中伸展所引起之混攪現象等。

◀▶在臺灣東北部山區，常見因颱風或暴雨，造成大樹傾斜倒覆所引起的土壤騷動現象

凍融土壤騷動現象
(Congellipedoturbation)

此為由凍結與融解循環所造成之混攪作用。如在凍原帶（Tundra，有譯成冰沼區）與高山地景中之模式的地面。

◀▼美國阿拉斯加地
區因結冰的土壤
融解造成多邊形
（polygons）的
地表

▼美國阿拉斯加地區因地下結冰作用造
成地表巨大的隆起，高度與寬度可
高達數十公尺

▲美國阿拉斯加地區因結冰的土壤凍結
與融解循環造成的混攪作用（mud
boiled soils）

黏粒土壤騷動現象
(Argillipedoturbation)

此為由於膨脹性黏粒在土壤中吸水膨脹發生擠壓破壞現象所引起的土壤混擾作用。

◀膨轉土（臺東關山土系）中，土壤因為膨脹性黏粒在土壤中吸水膨脹發生擠壓破壞現象，當土壤乾燥時發生較大裂隙所引起的土壤混擾作用

土壤：在腳底下的科學

氣體土壤騷動現象
(Aeropedoturbation)

為在降雨時或降雨之後，由於土壤中氣體之移動而引發的混擾作用。

水土壤騷動現象
(Aquapedoturbation)

為土壤體內水分向上移動而引起的混擾作用。

結晶土壤騷動現象
(Crystalpedoturbation)

為由於結晶物質之成長而引起者。諸如岩鹽（Halite, NaCl）。

▲臺灣的氣候變化多端

變化多端的臺灣土壤

——臺灣主要土壤類型

❶ 美國新土壤分類系統

　　世界各地的土壤因為生成因子都不太一樣，同時在土地利用型態上也不一致，因此無法像動植物分類一樣，在全世界有著共同的分類系統與分類法則。雖然如此，我們如果能了解各種土壤分類系統的規則，就能了解各種土壤在分類名稱上所代表的意義，進而建立國際間在土壤分類上共同的語言。

　　目前世界上最主要的土壤分類系統，是美國新土壤分類系統，已被廣泛地應用在相關學術研究與農業技術轉移上。美國農部在 1975 年創立新土壤分類系統，命名為「土壤分類學」。這一個分類系統由六個綱目所組成，自最高級綱目依序降至最低級綱目，分別為土綱、亞綱、大土類、亞類、土族及土系。

❷ 臺灣的十一個土綱

　　在美國新土壤分類系統中，共有十二個土綱，除了分布在溫帶或寒帶氣候中的冰凍土綱外，臺灣地區擁有十一個土綱。

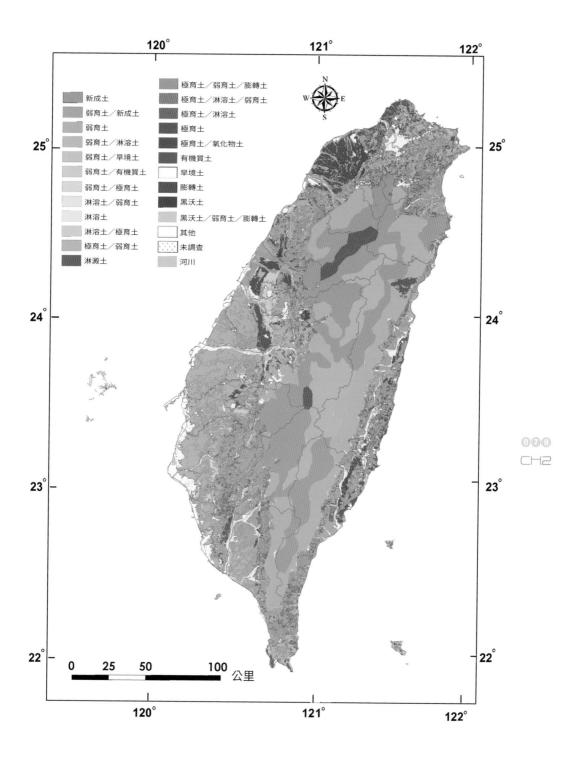

圖例	
新成土	極育土／弱育土／膨轉土
弱育土／新成土	極育土／淋溶土／弱育土
弱育土	極育土／淋溶土
弱育土／淋溶土	極育土
弱育土／旱境土	極育土／氧化物土
弱育土／有機質土	有機質土
弱育土／極育土	旱境土
淋溶土／弱育土	膨轉土
淋溶土	黑沃土
淋溶土／極育土	黑沃土／弱育土／膨轉土
極育土／弱育土	其他
淋澱土	未調查
	河川

1. 有機質土

　　深度 40 公分以上、有機質含量大於 20% 以上（或有機碳含量大於 12% 以上）的土壤，即屬於有機質土綱，在長年潮濕的環境中，枯枝落葉凋落後，分解速率緩慢，有機質不斷累積但又缺乏岩石礦物碎屑物的添加，因此形成有機質土，常見於沼澤、湖泊邊緣等濕地環境中，而在臺灣主要分布於高山湖泊周緣。

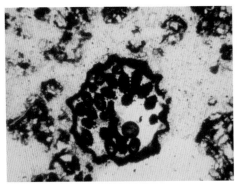

▲顯微鏡下可以看到土壤裡植物組織分解後所遺留的細胞殘骸

2. 淋澱土

　　具有淋澱層的土壤，主要分布在砂質地、冷涼潮濕的高山平坦地區。北自雪山山脈、中央山脈與阿里山山脈等臺灣中、北部的高山針葉林中，容易發現淋澱土，淋澱層的上方有時會有一層漂白層，這種具有漂白層的淋澱化土壤，舊稱為灰壤或灰化土。

▼高山土壤

3. 灰燼土（火山灰土）

　　由火山灰堆積所形成的土壤，土色烏黑，比重小（低於 0.9），含有鋁的非結晶性物質很多，對磷的吸附能力高，主要分布在陽明山國家公園。這種土壤酸度很強，甚至 pH 值在 3.5 以下。

▶土色烏黑的火山灰土

4. 氧化物土

▲八卦臺地的氧化物土

　　氧化物土是風化程度最高的土綱，是最老的土壤，土壤礦物僅剩下高嶺石、石英，並累積大量氧化鐵、氧化鋁，這些礦物即構成所謂的氧化物層。氧化物土的鹽基含量很低，強酸性，黏粒含量很高，分布在第四紀洪積母質所堆積的紅土臺地上，例如桃園市楊梅區的埔心地區、南投縣埔里大平頂臺地、彰化縣八卦臺地、屏東縣內埔老埤臺地的紅壤。

5. 膨轉土

　　在一公尺土層內含有 30% 以上的黏粒含量，蒙特石與蛭石等膨脹性黏土礦物含量較多，所以會因為土壤含水量的不同而使土壤構造產生膨脹收縮的特性，即所謂楔形構造。臺灣東部海岸山脈成功、東河與長濱等地區及花東縱谷內的關山、池上與富里等含有基性或超基性母質的地區，會出現膨轉土。

▲（左）膨轉土的構造因為不同方向的膨脹收縮長度不一致，容易產生楔形構造，這是其他土綱不會看到的

▲（右）膨轉土剖面中構造間彼此呈反方向膨脹收縮，構造表面長期摩擦後產生「斷面擦痕」，是膨轉土特有的形態特徵

◀膨轉土質地黏重而且乾燥容易龜裂

6. 旱境土

　　臺灣雖然沒有乾旱水分境況的氣候條件，年雨量會高於蒸發量，理論上不會有旱境土，但是旱境土包含了鹽土，因此臺灣西南沿海地區的鹽土，可歸類成旱境土。臺灣西南沿海地區的鹽土，構造緊密而堅硬，如果不經過適當的排鹽與灌溉，滲透壓過高，農作物很難生長。

▼仙人掌是乾旱地區的指標植物

▲ 白色的碳酸鈣沉澱物是乾旱地區土壤的典型特徵之一

▲ 臺灣西南沿海地區的鹽土鈉含量高，導致土壤構造頂部呈圓柱狀

▼ 海水倒灌後的土壤容易有鹽化現象

▲ 當蒸發散量大於降雨量時，土壤表面易聚積鹽類。

▲臺東的紅土臺地

▲屏東的紅土臺地

7. 極育土

熱帶潮濕的環境中土壤的淋洗作用強烈，在裡土層中會有一黏粒洗入聚積的黏聚層，但極育土 pH 值偏低、鹽基性離子多已流失。臺灣的紅土臺地上除了氧化物土之外，最常見的就是極育土，而極育土進一步風化就成了氧化物土。

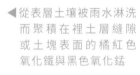
◀從表層土壤被雨水淋洗而聚積在裡土層土塊表面的黏粒膜

▶洗入聚積在 B 層的黏粒包裹在土壤孔隙表面而呈現會反光的膠膜

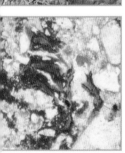

◀從表層土壤被雨水淋洗而聚積在裡土層縫隙或土塊表面的橘紅色氧化鐵與黑色氧化錳

▶從表層土壤被雨水淋洗而聚積在裡土層孔穴中的黏粒與氧化鐵

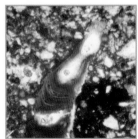

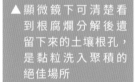
▲顯微鏡下可清楚看到根腐爛分解後遺留下來的土壤根孔，是黏粒洗入聚積的絕佳場所

▼從表層土壤被雨水淋洗而聚積在裡土層表面的黏粒與氧化鐵，在偏光顯微鏡觀察土壤切片時，會呈現有一定方向性的排列方式

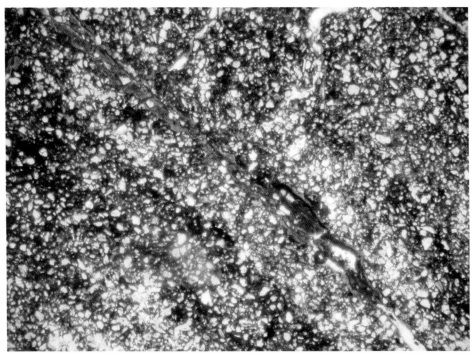

8. 黑沃土

　　因為具有黑沃表育層，所以這種土壤有機質多，鹽基性離子含量高，是很肥沃的土壤，在臺灣東部常與膨轉土出現在臨近區域中，例如花蓮縣豐濱、臺東縣東河、成功與長濱一帶，兩種土綱的差別是膨轉土的黏粒比較多。

▶黑沃土的肥力高，鹽基性離子含量豐富

▼具有黑沃表育層的黑沃土

9. 淋餘土

淋餘土與極育土唯一的差別是前者的 pH 值與鹽基性離子含量較高，也就是淋洗程度較極育土弱，所以繼續風化就會變成極育土。淋餘土肥力較極育土高，主要分布在臺灣西部沖積年代較為久的平原中，例如嘉南平原較為內陸的新營、柳營、善化、白河與水上等地區。

▲嘉南平原上的淋餘土

10. 弱育土

這種土壤僅有的 B 層是變育層，是母質輕度化育所生成的土壤，有明顯土壤構造的發育，但沒有任何可移動物質的累積，算是年輕的土壤，所以在臺灣主要分布在較新的沖積平原或丘陵地上。

11. 新成土

▼臺東的弱育土

▼彰化平原的弱育土

　　新成土是最年輕土壤，沒有 B 層化育，通常土層很淺或整個土壤剖面只有 A 層與 C 層，在臺灣主要分布在新形成的沖積平原或陡坡上。

▶屏東平原上的新成土

◀土層分化不
　明顯的砂土

▲沖積土是臺灣最重要的農業土壤

各土綱風化順序

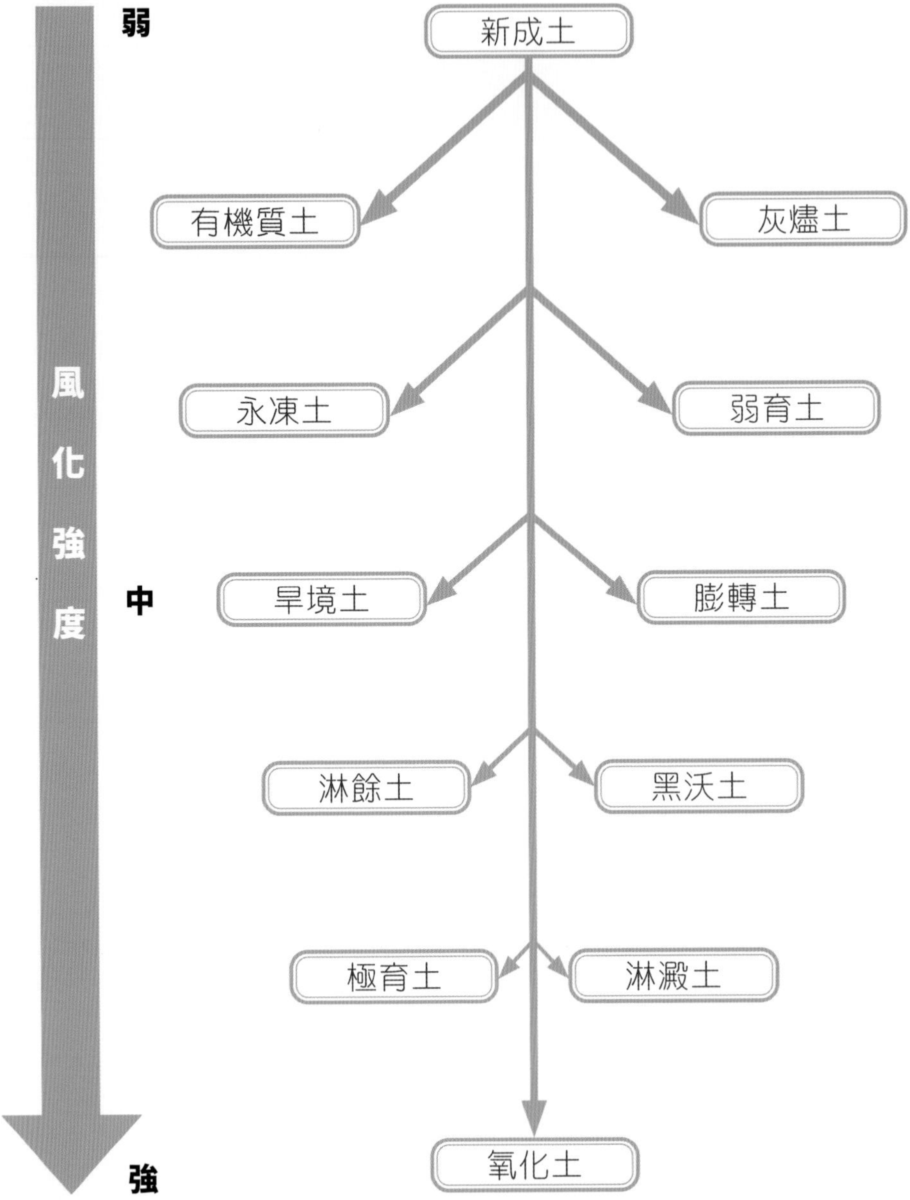

土壤：在腳底下的科學

風化強度

弱

中

強

新成土

有機質土　　　　　　　　　　灰燼土

永凍土　　　　　　　　　　弱育土

旱境土　　　　　　　　　　膨轉土

淋餘土　　　　　　　　黑沃土

極育土　　　　淋澱土

氧化土

▲蘭陽溪溪谷沖積地

孕育糧食的土壤
—— 平原土壤之特性與分布

▼沖積作用造成的層理是平原土壤常看到的特徵

除了海邊的風積砂丘外，受到沖積作用的影響，是觀察平原土壤時需要考慮的重要因素，也就是說平原土壤的剖面常常可以看到非常清晰的層理，是近代或過去1萬年以來的河川水流所堆積成不同的沖積物而形成的。因此，平原地區愈靠近河川現今河道的地區，土壤厚度就愈淺薄，質地也較為粗糙，以新成土為主。當然，離河道愈遠或是愈下游的地方，沖積物有較多的時間進行土壤化育作用，以弱育土為最多，少數可看到新成土，至於能發現淋溶土的平原，則是已有明顯的土壤化育作用，剖面中漸漸失去層理，而且在 B 層中已有黏粒聚積的

▼靠近現代河道兩旁的沖積物年代較新，土壤質地較為粗糙

現象。許多平原土壤剖面下方所覆蓋的，多半是經過河水淘洗過的卵石，如果淘洗的程度愈高，卵石的粒度就愈均勻，表示沉積作用較為穩定，當然也使土壤能夠有較穩定的化育作用。反之，河水淘洗程度較差的話，表示土壤是處於較不穩定的化育狀態，於是出現新成土的機會比較大。

這裡所要介紹的平原土壤除了臺灣地區面積較大的蘭陽平原、彰化平原、嘉南平原與高屏平原外，還包括盆地與河口沖積扇等陸域環境。

蘭陽平原土壤的母質是來自雪山山脈的黏板岩沖積物所堆積而成（蘭陽溪溪谷沖積地），小部分是片岩沖積物，鐵含量較低，所以土色灰暗，質地較為細緻，在一些排水不良的地區，硫化鐵的出現甚至使土壤呈灰藍色的，例如礁溪、壯圍等地。在排水良好的地區，因為鐵逐漸從母質釋放出來並氧化後，使土色偏向淡黃色。由於黏板岩沖積物含有較多的鈣與鎂，因此蘭陽平原的土壤是中性及偏弱鹼性的，如果做為水田

▼蘭陽溪溪谷沖積地

土壤：在腳底下的科學

◀蘭陽平原壯圍土系排水不良，硫化鐵的出現使土壤呈灰藍色

利用，那麼土壤酸鹼值就會趨近中性。一些鹼性的土壤含有石灰物質，若以稀鹽酸滴在土壤中，會產生二氧化碳的氣泡。就分類上來說，蘭陽平原的土壤以新成土與弱育土為主。

彰化平原與蘭陽平原一樣，土壤母質仍以黏板岩沖積物為主，由濁水溪從中央山脈挾帶而來，靠近大肚溪的地區則有少部分是砂頁岩沖積物。不過濁水溪與臨近河川在彰化平原上歷經數次改道，雖然土壤以新成土與弱育土為主，但土壤穩定化育的時間不夠長，因此仍以新成土居多，土色灰暗，酸鹼度是中性或弱鹼性的為主，如果參雜砂頁岩沖積物則土色會偏黃或偏紅且呈弱酸性，但具有石灰性的土壤面積比蘭陽平原要大的多，而且常可發現如珊瑚碎塊般的石灰結核。彰化平原的氣候適中，土壤肥沃，農業非常發達。另外，在彰化平原沿海地區，更可見到海岸線倒退後所留下的厚層沙土，是很年輕的土壤，排水良好，但鹽度稍高，加以妥善管理的話，適合種植花生與蘆筍。

▼土壤穩定化育的時間不夠長，仍以新成土居多，土色灰暗

▼參雜砂頁岩沖積物且土色偏黃的伸港土系

▼大排沙土系是彰化平原海岸線倒退後所留下的厚層沙土

▲嘉南平原上混雜著砂頁岩碎屑物質的土壤，土色較為偏黃

接下來所介紹的嘉南平原，是大家所熟知的臺灣穀倉，涵蓋雲林、嘉義與臺南等平原地區，土壤母質較為複雜。在接近濁水溪河岸的地區，主要母質以黏板岩沖積物為主，仍以新成土最多，弱育土次之，而淋溶土則更少。黏板岩沖積物顏色灰暗，不僅使濁水溪因水色混濁而得名，也使得沿岸的平原土壤呈現灰色。由這些黏板岩沖積物所形成的土壤，酸鹼度也是以中性或弱鹼性為主，甚至已有石灰結核的產生。再往南的區域，母質由北港溪、八掌溪、鹽水溪及曾文溪等沖積物混雜著砂頁岩碎屑物質所組成，所以土壤 pH 值變得比較低，土色偏黃。

位於嘉義與臺南較為內陸的平原地區，例如水上、白河、東山、新營及柳營等地，在過去的地質時代中曾經有許多湖泊的分布，但隨著氣候的變乾，湖泊的底泥便逐漸形成陸地上的土壤，它的特點是質地黏重，剖面中具有堅硬而大塊的柱狀構造，且鹽基性離子含量很高，俗稱「臺灣黏土」，在分類上屬於淋溶土，如果不加以灌溉，並不適合農耕。另外，在二仁溪沿岸，母質則以泥岩沖積物為主，生成年代較短且會化育成與鄰近濁水溪的土壤類似，不過因泥岩中鈉含量較高，使土粒不易膠結成團粒構造，地表受雨水沖刷時，常可見到大小規模不一的沖蝕溝，是一種惡地形，土壤保水力很差，植物也不容易生長，也就是所謂的「月世界」。生成年代較短的月世界土壤，屬於新成土或弱育土，而年代較久的則會化育成淋溶土。

Kuan-Miao　Kuang-Tein　Tiao-Gi-Lin

　　在嘉南平原沿海地區，雨量較少而日照強烈，此時土壤性質已和原來的母質關聯性不大，因為強烈的蒸發作用使土壤累積了大量的可溶性鹽類，成為典型的鹽土，是臺灣旱境土主要分布的區域。縱觀

▲嘉南平原內陸地區的各種淋餘土

▼泥岩土壤容易在地表產生結皮而阻礙土壤的通氣性

▼泥火山的噴出物使附近的土壤偏鹼性而且鈉含量較高

嘉南平原土壤的特色是 pH 值為中性或弱鹼性，許多地區土層深厚，肥力高，但缺點是灌溉水源不足，不過在二十世紀初期水利灌溉系統陸續完工後，如嘉南大圳、曾文水庫與烏山頭水庫等，使嘉南平原農產豐富，而能成為臺灣最重要的穀倉。

　　高屏平原北端以二仁溪和嘉南平原相鄰，因此在這附近的區域，母質仍以泥岩沖積物為主，所以土壤在顏色、粒徑與理化性質上和嘉南平原二仁溪沿岸類似，而在上游的田寮、內門與旗山等地區，仍常可見到月世界土壤（上圖 1）。在高屏溪沿岸的母質已轉變成黏板岩的沖積物，因此土色會轉為較深暗，但高屏溪的上游會流經砂頁岩的地質區，因此一些位在上游平原谷地的土色較為淡黃，而酸鹼值也較低（下圖 2、3、4、5）。至於東港溪、林邊溪沿岸一直到枋寮，均為典型的黏板岩沖積土，不過，此區域的平原土壤地勢較低窪，加上過度抽取地下水造成地

層下陷與沿海養殖漁塭的影響，土壤鹽化相當嚴重。在最南端的車城與恆春地區，土壤性質又逐漸受到砂頁岩母質的影響，局部區域仍可發現「臺灣黏土」，不過整體而言，土壤質地以中質地的壤質土居多，排水良好，加上強烈東北季風的吹拂，氣候乾燥，很適合洋蔥的生長。就美國新土壤分類系統而言，高屏平原的土壤以新成土及弱育土最多，其次是像月世界土壤的淋溶土。

　　至於盆地與河口沖積扇的平原土壤，則遍布在臺灣各地，共同的特性是所堆積的沖積物母質都較為年輕，例如，臺北盆地約在三百多年前仍是一個古臺北湖，經過地殼變動後在淡水與林口之間產生一個缺口而形成今日的淡水河，所以由近代湖泊的沉積物逐漸化育形成臺北盆地的土壤。除了臺北盆地外，臺灣地區規模較大的盆地尚有臺中盆地與埔里盆地，這些盆地土壤的顏色都是趨於灰暗，甚至因排水不良而出現硫化鐵的灰藍色。至於盆地土壤的質地則變異很大，原因是沉積年代較短，土壤都是處於初步化育的階段，靠近河流的地方土壤顆粒較大，而在地形較穩定的地方則黏粒含量較多。不過，基本上臺北盆地、臺中盆地及埔里盆地都是酸性的土壤，因為這些沉積物母質多半都是酸性岩石所產生的，例如砂岩。盆地與河口沖積扇的平原土壤仍以新成土與弱育土最多，但很少見到淋溶土。

　　河口沖積扇土壤母質的來源與盆地土壤類似，不過因位居河川下游且已靠近海岸，排水更差，地下水位較高，沉積物的淘選程度不佳，土壤質地的空間變化是所有平原土壤中最大的，有些地方非常黏重，但有些地方則不僅是砂土，剖面中的礫石含量也很多。由於靠海的關係，沖

積扇土壤的酸鹼值都會比較高。沖積扇土壤另一個特徵是有機質與養分含量較高，土地肥沃，如果有適當的土壤管理，通常都是農業產值較高的地區，因此能聚集較多的人口，例如臺東市就是一個典型的沖積扇地形。在分類上，盆地與河口沖積扇的平原土壤均以新成土為主，只有少數地形較穩定的地方會出現弱育土或淋溶土。

▼沿海地區的細砂土

▼墾丁地區的風積砂丘

　　另外，有一個特殊的平原土壤，是海岸山脈兩側，也就是花東縱谷沖積平原與太平洋岸的沖積扇平原。分布於西側的花東縱谷，母質來源自中央山脈的花蓮溪、秀姑巒溪、卑南大溪及其支流沉積物為主，縱谷混有黏板岩物質，北段花蓮一帶則受石灰岩影響較大。此類土壤特徵為坋砂質，含有多量雲母碎片。土色表土為淡藍灰色至淡橄欖灰色，底土為灰黃至橄欖灰色；臺東、玉里一帶多呈微酸性至中度酸性反應，鳳林以北為弱鹼性反應。主要是新成土或黑沃土，而土壤化育時間較久的鹼性母岩土壤則會有膨轉土。

　　至於上述所提及的砂丘，是海岸多風地帶特有平原地形現象，臺灣季節風強烈，故風積砂丘分布很廣，沿海各地幾乎都有砂丘之存在，高度可達數公尺至二、三十公尺不等，成為孤立饅頭狀或連成低崗狀，尤其是各河流之出口處。本類土壤，無明顯層次，質地以細砂土至壤質細砂土為主，多屬中性反應；但分部於北部沿海地區者，色較黃棕之淡灰色，且酸性較強；中部地帶則略帶暗灰色；分布於臺南市附近以及以東者，呈灰棕至黃棕色，質地較細，以細砂質壤土至壤質細砂土為主，成微酸性至中性反應，且均為新成土。

▲紅土是臺地土壤最主要的類別

有時紅的發紫的土壤

——臺地土壤之特性與分布

臺灣的臺地依照堆積物質
的不同共分為三種類型，也就
是洪積母質臺地、珊瑚礁石灰
岩臺地與玄武岩臺地。

在前述所介紹的平原土
壤，是由近期的河川沖積物堆
積所形成的，但若這些沖積物
是在 1 萬年以前就開始堆積的
話，再經過近代的構造抬起作
用，我們特別稱這種河川沖積

N

km
0   50

◀臺地土壤分布圖

▼臺地紅土下方堆積的礫石

物所形成的土壤為洪積母質土壤，它在
地質上的特徵是土壤下方會堆積許多大
大小小的礫石，所以洪積母質臺地又可
稱為紅土礫石臺地。

　　洪積母質臺地是三種臺地類型中分
布最廣，但海拔高度差異也很大，從百
餘至千餘公尺，但大部分是在海拔 250
至 400 公尺左右。洪積母質臺地頂部
均屬近於平坦或緩起伏，但是有些臺地
的邊緣已被雨水長期地沖蝕，從空中鳥
瞰已漸漸變成丘陵的地貌了。

　　由於臺地土壤堆積的年代較平原
早，位置也較高，排水良好，有足夠的
時間慢慢將大顆的土粒風化成更小顆的
土粒，土壤剖面的層理已經消失，最後
更因為累積大量黃褐色或紅色氧化鐵的
緣故，致使臺灣地區在臺地上所見到的
土壤，均以紅土為主。讓我們以林口臺
地為例子，來說明洪積母質紅土的特性
與分布。

▶臺地上的紅土

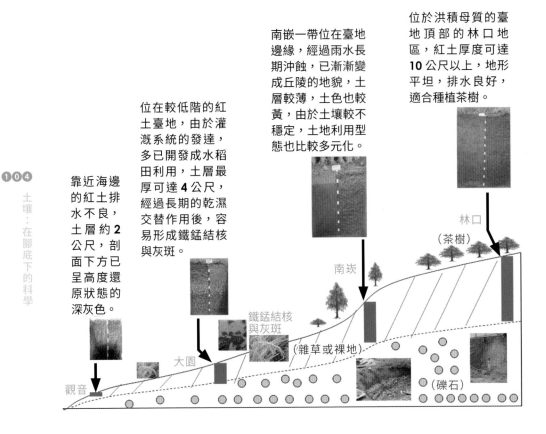

位於洪積母質的臺地頂部的林口地區，紅土厚度可達 10 公尺以上，地形平坦，排水良好，適合種植茶樹。

南嵌一帶位在臺地邊緣，經過雨水長期沖蝕，已漸漸變成丘陵的地貌，土層較薄，土色也較黃，由於土壤較不穩定，土地利用型態也比較多元化。

位在較低階的紅土臺地，由於灌溉系統的發達，多已開發成水稻田利用，土層最厚可達 4 公尺，經過長期的乾濕交替作用後，容易形成鐵錳結核與灰斑。

靠近海邊的紅土排水不良，土層約 2 公尺，剖面下方已呈高度還原狀態的深灰色。

林口
（茶樹）

南崁

鐵錳結核
與灰斑

大園

（雜草或裸地）

（礫石）

觀音

　　臺灣地區面積比較大的洪積母質臺地還有桃園、中壢、楊梅、關西、湖口、后里、新社、大肚、八卦、斗六、民雄、埔里、恆春、鹿野及舞鶴等，它們共同的特徵是酸鹼值極低（可達到 pH 4.5 以下），質地黏重，土層很厚，平均厚度可高達 5 公尺以上，水分滲透速率很慢，如遇豪雨時地表很容易匯集逕流水或發生土壤沖蝕現象，不過保水能力及保肥能力很強，高嶺石、石英、氧化鐵與氧化鋁等屬於風化最後階段的礦物含量較多。

◀紅土質地黏重　　　▲紅土的土層很厚，可超過 **3-4** 公尺

　　如果能夠發揮適地適栽的功能或投入石灰改良這些洪積母質臺地的強酸性土壤，將是臺灣農業很發達的地區，例如上述所提及的許多洪積母質臺地紅土都是臺灣盛產茶葉與鳳梨的地區，因為這兩種作物都是喜好酸性的環境。

▼鳳梨喜好酸性的紅土

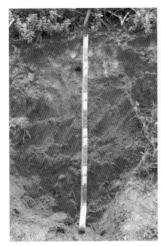

▲ 洪積母質臺地土壤以極育
土最多（左），也會有弱育
土（中）或新成土（右）

◀ 除了鳳梨，茶樹也是喜好
酸性的紅土

在分類上，洪積
母質臺地土壤以極育
土最多，若化育程度
更高，則變成氧化物
土，但如果土壤有被
擾動過而又重新漸漸
化育，當然也會看到
弱育土或新成土。

▲泥岩惡地形常可見到泥火山

多石礫或坋黏質的土壤

—— 丘陵土壤之特性與分布

臺灣的丘陵地區除東部海岸山脈及大屯火山區外，皆與中央高山相連，圍繞其北、西、南三面，其外側為臺地或平原谷地等低緩地形區，而構成的岩層主要為砂岩及頁岩，愈往南年代愈新且岩質愈新就愈軟，山勢亦較低緩。東部海岸山脈位於臺灣東岸之中段，就地勢而言，大致南高北低，至於組成之岩層，以堅硬的安山岩質集塊岩為主，貫穿山脈南北，分部亦最廣，黑色頁岩為主而夾有礫岩之地層則分布於海岸山脈西側，南端則以泥岩為主，質軟而易風化，沖刷極烈多成惡地形。

▼泥岩屬於頁岩，所以在泥岩惡
　地形有時仍可看到頁狀層理

本書所介紹的丘陵土壤，是指除了臺地與火山地區以外，海拔約介於 100 至 1,000 公尺的山坡地土壤。平原或洪積母質臺地土壤的母質是經過搬運的沖積物質，因此許多土壤特性與現地的母岩之間並無太大的關聯，但丘陵地區的土壤特性則與其母岩之間有很大的關係，在中央山脈的西部麓山帶，如果是砂頁岩互層的母質，則土色多為黃褐色，質地中等，pH 值是偏酸性的，例如臺北盆地近郊、桃園大漢溪中上游地區、苗栗、臺中、南投、嘉義、臺南、高雄至屏東等山坡地的土壤，都是屬於這一類的，因此都以種植熱帶果樹為主，例如柑桔、荔枝、芒果及龍眼等適合酸性土壤的作物。過去的調查也曾發現在南投日月潭附近的水里與魚池等地區，是由鐵含量較高的砂岩所化育而成的紅棕色強酸性土壤，質地黏重，氧化鐵、鋁的含量較高，因此可發現有許多的茶園，同時也因為土粒細緻，不易膨脹收縮而龜裂，土壤適合燒窯製陶，是南投「蛇窯」遠近馳名的原因。另外，在屏東牡丹與臺東大武之間的南迴公路沿線，也就是中央山脈南端，是由鐵含量較高的砂頁岩互層所構成的母質，因此也是紅棕色的強酸性土壤，但因頁岩膠結能力差，地形坡度較大，且氣候炎熱，並沒有茶樹的種植。上述這些砂頁岩的酸性土壤在分類上，地形較平緩的土壤為弱育土，少部分是極育土，而坡度較大的地區，幾乎都是新成土。

　　不過，在西南部的臺南與高雄等地的泥岩山坡地，反而是呈灰色、質地黏重且高 pH 值的惡地形土壤，這種泥岩在地質學上屬於頁岩，是海相沉積物所堆積出來的丘陵地，但是泥岩的膠結程度很差，並不像頁岩有書頁般的層理，且鈉含量很高，植物生長不易，保水力差，很容易

▶ 地形平緩的砂
頁岩母質酸性
土壤

▼ 蛇紋岩所形成
的土壤

發生土壤沖蝕，所以新成土是最主要的土綱。泥岩惡
地形土壤也會出現在海岸山脈東側的丘陵地上，分布
在臺東市北端一直延伸到富里地區。在泥岩惡地形土
壤開發公路對工程的進行與植被的維護是極大的挑
戰，因此，每當颱風或豪雨等天災發生時，這些公路
損壞的規模與程度都比較大。

至於東部的丘陵地區土壤較為複雜，除了上述泥岩惡地形土壤外，海岸山脈東、西兩側受到菲律賓海板塊擠壓的影響，土壤母質有各種火成岩與變質岩，包含許多酸性岩類、鹼性與超基性岩類，但共同的特徵是因為坡度大，所以土層較淺薄。如果是酸性岩類母質的丘陵地區，則土色較淺，pH 值偏酸性，而鹼性母岩則土色黑暗，pH 值較高。值得一提的是在泥岩地區有局部的外來岩體，是由超基性的蛇紋岩所構成，例如萬榮、富里、池上與關山等，這種岩石在地表很容易風化，且含有閃玉及石綿等經濟礦產，但也含有大量的鐵、鉻與鎳等重金屬，一旦經過開採後，風化後的土壤中重金屬的濃度會偏高，甚至超過環保署所規定的土壤汙染管制標準。

▼泥岩惡地形土壤　　　　　　　▶外來岩體

在分類上，海岸山脈丘陵地區酸性母岩土壤概以新成土為主，而鹼性母岩土壤則除了新成土外，在坡度較緩的草生地中，因為地表可以累積較多的有機質，所以也有黑沃土的存在，而位置較高的海階上，則會有膨轉土的出現，至於蛇紋岩土壤因為容易風化且含有較多的鐵，是呈紅褐色的淋溶土或極育土。在東部屬中央山脈東側的丘陵地區土壤，絕大多數母岩是由抗風化能力很強的片岩或片麻岩所組成的，所以土層淺薄，是呈灰暗顏色的弱酸性或中性土壤，且都是新成土，少部分由砂頁岩構成的平緩丘陵，會有黃褐色或紅棕色的酸性弱育土或極育土。唯有在部分含石灰岩或大理岩等母岩中，才會有鹼性土壤。

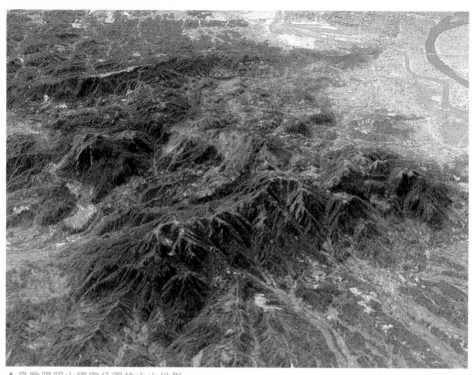

▲鳥瞰陽明山國家公園的火山地形

來自地心的土壤

——火山地區土壤的特性與分布

如果是以火山噴發物質或火山碎屑物質來定義臺灣的火山地區土壤的話，那麼許多火成岩母質土壤都是廣泛性的火山地區土壤，例如北部的大屯火山群、基隆山火山群及觀音山火山群，東部海岸山脈、蘭嶼及綠島，甚至是澎湖群島。但直接受火山作用而且很明顯影響土壤形態特徵、理化性質與黏土礦物的火山地區土壤，應該是火山灰母質所化育形成的土壤，也就是分類上特別獨立的一個土綱——灰燼土。為了不讓讀者造成混淆，此處所強調的是具有火山灰特性的灰燼土，它只有在陽明山國家公園及其附近的大屯火山群地區才有，由第四紀時火山活動所噴發的碎屑及火山灰構成主要的土壤母質。

大屯火山群在臺灣的最北部，約有 20 個火山體與火山錐，其中以七星山（1,120 公尺）為最高的火山體。大屯火山群彙爆發於第四紀

◀大屯火山群分布圖
參考資料：陽明山國家公園計畫書

▲陽明山國家公園的代表性植物

（Quaternary）初期，距今約 250 萬年前，由安山岩流、火山灰和粗粒碎屑噴發物等的連續交替噴發構成。1985 年由內政部營建署正式規劃並成立臺灣第三座國家公園，面積約 11,456 公頃，海拔高度自 200 公尺至 1,120 公尺，以大屯火山群為主體。園區內的植被概況可概略區分為人工林（包括針葉林與闊葉林）、天然闊葉林、草原帶與農作區四種。主要草本植物包括闊葉樓梯草、冷清草、臺灣芒與五節芒。主要木本植物包括臺灣矢竹、狹瓣八仙花、黑星櫻、小花鼠刺、森氏楊桐、大葉楠、豬腳楠與昆欄樹。因為大屯火山群位於臺灣本島最北端，為一孤立之山系，因此氣候的變化較活潑而敏感。影響本區氣候的重要因子包括緯度、水陸分布、盛行風（夏季受西南季風影響，冬季受東北季風影響）、颱風及熱帶性低氣壓、梅雨、高度、地形等。

灰燼土（andisols）為具有火山灰土壤特性的土壤，主要包括土壤很輕（總體密度 <0.9 Mg/m³）、磷酸的吸附力很強與無定型物質含量較高等特性。另外，也包括土壤的 pH 值偏低（pH3~5）、表層土壤有機碳含量很高，以及土壤中缺乏鹽基陽離子（鉀、鈉、鈣與鎂）等特性。大屯火山群的噴發在 30~80 萬年前即已停止，土壤化育的情形與剛噴發或噴發年代較年輕的灰燼土有明顯的不同，加上臺灣地區特殊的氣候變化（夏季有梅雨及颱風的侵襲，冬季有長達 5 個月的東北季風侵擾）與陡峭的山勢，原來具有火山灰土壤特性的土壤已逐漸的發生轉變。

大屯火山群所生成的土壤，在七星山北側、東北側與紗帽山東北側的安山岩質火山岩母質土壤，大部分都分類為灰燼土，但有少部分

▼陽明山國家公園的火山

土壤：在腳底下的科學

◀具有獨特性的陽明山火
山灰土，常吸引學者們
的研究

已逐漸失去火山灰土壤性質而歸為弱育土，就這些地區而言，大地形
（macro-topography）對土壤性質及其分布的差異沒有顯著影響，造成
如此差異的原因係因微地形（micro-topography）的影響；在大屯山東北
側地區，海拔分布由 800 公尺至 1000 公尺間土壤性質的變化，雖然地
勢高低與植生種類有些不同，但土壤樣體間的土壤性質差異不大，都分
類為灰燼土，這也顯示在大屯山東北側海拔 800 公尺以上沒有明顯的地
形土序（土壤類型或分類隨著地形而變動）之變化；而在大屯山與面天
山間（亦即大屯山西南側），海拔分布在 790 公尺至 980 公尺之間，由於
有不同熔岩母質的出現，灰燼土與弱育土的化育幾乎各占一半的機會，
這也說明了大屯山西南側的地形土序中，母質對於土壤化育的影響可能
大於海拔或坡度的影響。

　　另外，在面天山南側，由山頂（海拔 970 公尺）至山麓（海拔 800
公尺）調查的結果，土壤樣體皆分類為灰燼土，顯示地形對於面天山土

◀▲面天山土壤剖面（灰燼土）

壤化育的影響不大，地形因子的影響主要在於土層的厚度及部分土壤性質之風化作用。往北，在竹子山柳子楠附近，海拔約 860 公尺，土壤以弱育土為主，但具有部分火山灰土壤性質；其次在磺嘴山地區的調查結果，土壤樣體均具有低的 pH 值（pH<5）、低鹽基飽和度（<10%）與大

◀竹子山柳子楠土壤剖面（弱育土）

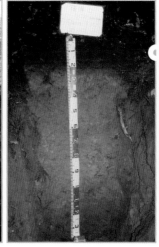

▲礦嘴山土壤剖面（弱育土）

量可交換性鋁的特性，在高溫多雨的氣候環境下，土壤均受到高度的風
化作用，都分類為灰燼型弱育土（andic inceptisols），所代表的意義為
土壤已由灰燼土過渡化育生成為弱育土，但仍兼具部分灰燼土之特性。

　　為了能更清楚了解大屯火山群土壤的種類，於是透過詳細的全面調
查與前人研究的結果，綜合整理出 11 個土系，各個土系以所發現土壤
樣體的位置來命名，包括大屯山土系、鴨水澤土系、紗帽山土系、大屯
公園土系、二子坪土系、馬槽土系、面天山土系、七星山土系、礦嘴山
土系、中湖土系、七星公園土系；而透過地域分析、土壤—地形模式與
地理資訊系統（GIS）的架構，繪出大屯山與七星山兩山區的土壤圖（比
例尺為 1: 25,000）。

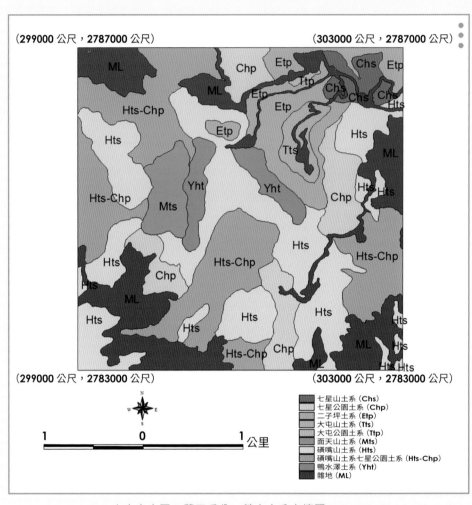

ML

Chp

Etp

Chs Etp

ML

Ttp

Chs

Etp

Chs Chs

Hts-Chp

Etp

Etp

Hts

Hts

Tts

Hts

ML

Yht

Yht

Hts-Chp

Mts

Chp

Hts Hts

Hts

Hts-Chp

Hts

Chp

Hts-Chp

Hts

Hts

Hts

ML

Chp

Hts

Hts

Hts

Hts

Hts-Chp

Chp

ML

Hts

ML

Hts Hts

■	七星山土系（Chs）
□	七星公園土系（Chp）
□	二子坪土系（Etp）
□	大屯山土系（Tts）
□	大屯公園土系（Ttp）
■	面天山土系（Mts）
□	磺嘴山土系（Hts）
□	磺嘴山土系七星公園土系（Hts-Chp）
■	鴨水澤土系（Yht）
■	雜地（ML）

1　　　　　0　　　　　1 公里

▲大屯山區二萬五千分一基本土系土壤圖

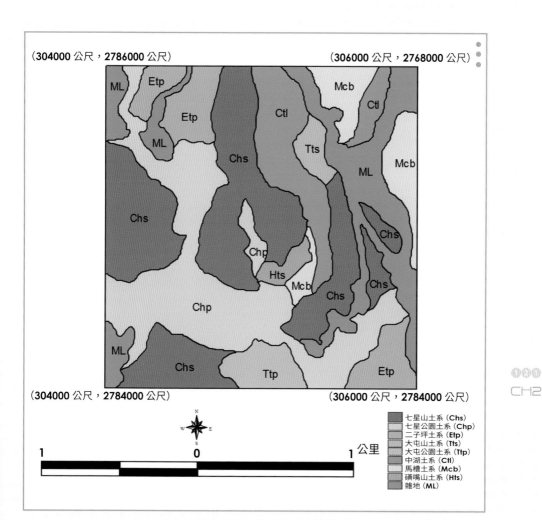

▲七星山二萬五千分一基本土系土壤圖

　　更往北，沿大屯山北方（至三芝）與西北方（至淡水）的路徑上，調查發現：灰燼土多生成在海拔 700 公尺以上，灰燼土—弱育土過渡區土壤主要分布在海拔 300~700 公尺間，弱育土—極育土過渡區土壤主要分布在海拔 300~150 公尺之間，海拔 150 公尺以下之土壤幾乎皆為極育土（紅壤）。

　　根據過去的調查研究，陽明山地區在海拔 600 公尺才會有灰燼土。灰燼土中含有大量鐵與鋁的非結晶性物質，例如鋁英石等，同時表層土

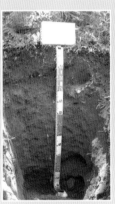

| 大屯山主峰
（灰燼土） | 101 縣甲 2.9K
（弱育土） | 101 縣甲 4.5K
（弱育土） | 101 縣 7K
（弱育土） |

灰燼土 ➜ 灰燼土—弱育土過渡土壤 ➜ 弱育土
（容積比重、土壤質地、無定型物質含量）

壤因為累積許多有機質的關係，土色很暗，所以灰燼土的表層容易形成團粒狀的構造，總體密度很低，在野外用手觸摸或拾起時，感覺很輕而且沾黏性很強。由於總體密度很低，所以土壤的孔隙率很高，保水能力很強。灰燼土的 pH 值很低，溶解性鋁濃度偏高，並不適合一般作物的生長，只有杜鵑與芒草等耐酸性的植物分布較為廣泛。雖然在分類上臺灣的火山地區土壤是以灰燼土為主，但是當土壤火山灰特性條件不足時，則可能是弱育土或是極育土。

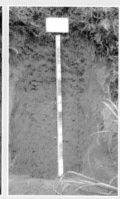

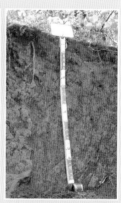

紅柿腳　　　　　101 縣福德村　　　謝厝紅壤　　　　北新莊紅壤
（弱育土）　　　　（弱育土）　　　　（極育土）　　　　（極育土）

弱育土　　⟶　　弱育土―極育土過渡土壤　　⟶　　極育土
（質地、顏色、土壤構造、黏土礦物組成、……）

▲臺灣的山岳

不安定的土壤

—— 高山土壤之特性與分布

由於板塊運動頻繁，造就臺灣地區多山且地形陡峻的環境，3000 公尺以上的高山林立，森林地的面積佔有 58% 左右。大體上臺灣地區 1500 公尺以上的高山地區，屬濕潤溫帶氣候，雨量豐沛，蒸發量低，沒有顯著的乾季與濕季的季節交替現象，故淋洗作用強烈；主要的植被為針

▲臺灣地區陡峭的高山

▼除了針葉林，草原在臺灣高山也可以被發現

葉林及針闊葉混合林，在此林相下最典型的成土作用為淋溉化作用，但由於母質、地形、植物及微域氣候差異，其所受淋溉化作用之程度，差異很大。大致而言，南部較北部為弱，海拔愈高則愈明顯。但在 3,000 公尺以上的高山，雖以針葉林為主，但因母岩質地較細，鹽基含量較高，淋溉化作用進行亦相當緩慢，且坡度陡峻，沖蝕快，較無穩定化育的機會，可能很難發育成標準的淋溉土。

◀臺灣中高海拔的林相

▼臺灣的山岳

▲合歡山地區淺薄的土壤層

▶臺灣高山氣候多變，冬天偶會下雪

　　氣溫、濕度、地形與植被，是影響臺灣高山土壤特性與分布的主要環境因素。通常在冷涼潮濕且地形平坦的針葉林下，質地較粗的土壤會形成淋澱土，這是因為枯枝落葉等有機質在溫度低時分解較慢，而潮濕的環境使地表累積的有機質分解後所產生的有機酸將土壤中的鐵及鋁加以溶解，並透過淋洗作用而移至下方的 B 層，也就是形成所謂的淋澱層，土色是暗紅色的，而具有此一診斷化育層的土

◀高山地區特徵性
的漂白層

壤，就是淋澱土，相對地有些淋洗作用強烈的地方，在這一個淋澱層的
上方會出現鐵、鋁被移出後的漂白層，是很明顯的灰白層，這也是過去
所稱呼的灰壤或灰化土。淋澱土不一定會產生漂白層，也有可能在產生
後遭到移除，所以用漂白層做為這種土壤分類的依據是倒果為因，因此
在美國新土壤分類系統中，修正診斷性的化育層為下方的淋澱層，以忠
實反應土壤化育的結果。

▼臺灣中高海拔的淋澱土

全世界淋溶土的分布以溫帶國家為主，例如美國、加拿大、俄羅斯及歐洲國家，但在亞熱帶地區的臺灣，符合上述環境的高山地區，仍可見到淋溶土，主要分布在雪山山脈、阿里山山脈與中央山脈的中、北段，值得一提的是，臺灣淋溶土的質地較細，許多較黏質地的土壤仍可發現淋溶土，而溫帶國家的淋溶土均以粗質地的土壤為主，這個特點對國外許多研究淋溶土的學者而言，是非常難以見到的。

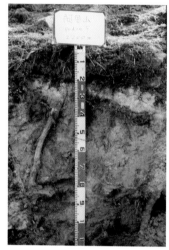
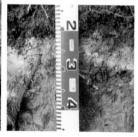

◀阿里山地區所發現的粗質地
　淋溶土剖面

　　除了淋溶土外，極育土是高山地區平坦地形中另一個主要的土壤，只是極育土的 B 層中沒有明顯的有機質與鐵、鋁的共同洗入特徵，那是因為表層的有機質含量較少，或是濕度較低，此時大量雨水所造成的強烈淋洗作用，只是將黏粒向下層搬運，並且在 B 層形成黏粒膜，於是這具有黏粒特別洗入聚積的 B 層便使土壤成為極育土。

　　其次，在坡度較陡、溫度較高、濕度較低，或是海拔較低的高山地區，土壤皆以弱育土及新成土為主。不過，臺灣的高山林相複雜，地形

土壤．在腳底下的科學

◀高山的極育土

多變，導致微氣候差異很大，這些原因往往導致在同一區域中，淋澱土、
極育土、弱育土及新成土都可能在短短距離內同時存在，例如在阿里山
地區，幅員 5 公里內，就可以同時發現這四種土綱。不過以面積來說，
高山地區以新成土最多，弱育土次之，再者是極育土，而淋澱土雖然面
積較少，卻是臺灣高山很有特色的土壤。

▼臺灣中高海拔山區常見的弱育土

另外，高山地區的
湖泊周緣，會有處在浸
水狀態下的有機質土產
生，這種屬於濕地生態
的土壤，留待「濕地土
壤」中再做介紹。

▲臺灣中高海拔山區常見的弱育土

　　臺灣某些高山土壤另有一個特殊之處，就是薄膠層（placic horizon）的形成，即使是在全世界，這種具有薄膠層的土壤也是很少見到的，它的厚度只有 0.2 至 1 公分左右，出現在較上方的 B 層中，非常堅硬，遇水無法消解，植物的根難以穿透。根據過去的研究指出，具薄膠層土壤的環境特徵是地形平坦、雨量很大，土壤上、下層的質地差異很大，剖面中的孔隙連續性不好，而淋洗作用過程中所能溶解的卻是鐵

◆左、右頁圖皆
　為薄膠層

和錳，並沒有溶解性的有機質共同洗入，於是溶解性的鐵、錳在移至下
方通氣性較好的孔隙時便發生氧化作用而沉澱，隨著時間的推移，便形
成此一連續性的硬磐，這對森林生態與林木幼苗的撫育影響極大。雪山
山脈的棲蘭山、太平山，中部的小雪山以及大武山的浸水營國家步道附
近，都曾發現這種具薄膠層的土壤。

▲多水的地方讓土壤失去構造而變得泥濘

多水的土壤

——水田土壤之特性

水田土壤除了可以生產糧食外，還有調節微氣候、涵養地下水源、淨化水質等功能，同時也是許多動物活動的場所。在很多亞洲國家，稻米是主要的糧食，所以水田在所有耕地面積中所占的比例極高，而目前美國的新土壤分類系統，並沒有將水田土壤獨立出一個土綱，但水田經過長期耕犁後，土壤剖面的形態特徵與理化性質，會與原來未經種植水稻的土壤有很大的差異，例如水田土壤在表土耕犁層下方會形成一個很堅硬又密實的犁底層，通常離地表約 20 至 30 公分左右，這是土壤在浸水環境下，長時間只翻動表土層所造成的必然現象。目前臺灣地區的水田土壤面積，因為開放國際稻米進口與民眾攝食來源的多樣化而有生產過剩的現象，於是許多水田逐漸改為旱作或做其他非農業用途，但是有否考慮到土壤犁底層的存廢，與原有水田生態功能所受到的衝擊，值得深思。

　　另一方面，在種植水稻的過程中，有時候需要灌溉浸水，而有些時候則需要加以排水曬乾，造成土壤時而潮濕時而乾燥，也就是處於氧化

◀水田土壤的整塊狀構造

土壤：在腳底下的科學

▲桃園水田土壤各種鐵錳結核

還原交替循環中。當土壤在還原時，鐵、錳等物質就會溶解而往剖面下方移動，而氧化時鐵和錳就會產生沉澱物，這些從剖面就可以看得出來的氧化產物可能是柔軟的鏽斑，或是堅硬的結核，而鐵與錳因為還原作用而被移出的地方，就會形成灰斑，或是整個土層較為灰暗，我們統稱這些因氧化還原作用而產生的形態特徵為氧化還原形態特徵。在鐵含量較多的水田土壤或地下水位隨季節而變動的土壤中，出現氧化還原形態特徵是很普遍的現象，例如桃園地區紅土臺地上的水田土壤剖面中，就可以發現許多形形色色的氧化還原形態特徵。

　　水田土壤中鐵錳的聚積通常形成鐵錳斑紋或鐵錳結核。紅壤中大部分鐵氧化物以針鐵礦（goethite）、赤鐵礦（hematite）、纖鐵礦

◀水稻田土壤是臺灣最重要的農田土壤

▼▶本頁圖：水稻田土
壤的形態特徵與理
化性質與旱田土壤
不同

（lepidocrocite）和水成鐵礦（ferrihydrite）等為主，而錳氧化物以鈉水
錳礦（birnessite）為主。鐵錳結核為鐵錳氧化物之濃縮硬塊，在水田季
節性乾濕交替下，鐵錳元素還原移動而再度聚積在氧化環境下，逐漸由
細粒徑之結核累積形成粗粒徑之鐵錳結核。

　　鐵錳結核的形成是鐵、錳元素經還原移動後，聚積於大孔隙或砂粒
表面，逐漸生成鐵錳聚積物。變動的水文變化為鐵錳結核生成之主要因
素之一，較大顆粒之鐵錳結核會出現在地下水位變動最頻繁處。除了飽
和與還原時間會影響鐵錳結核的形成之外，地下水位變動的週期與飽和
頻率也是影響鐵錳結核生成的另一個條件。

土壤生態環境之保育

在邁入二十一世紀的今天，好的土壤不再只是讓作物達到最大產量而已，還要能維持良好的環境品質與動植物及人類的健康。在聯合國所推動的17個地球永續發展目標 (sustainable development goals, SDGs) 中，許多項目都和土壤是有關的，例如終止飢餓、清潔飲水和衛生設施、永續發展的市鎮規劃、確保永續消費和生長模式、氣候行動、保育及維護生態領地等，都少不了高品質土壤的參與，才能達到這些 SDGs。

因此良好的土壤管理策略與推廣土壤教育，不僅能夠維護土壤良好的品質，也是推動土壤永續利用理念的推手。

▲良好的土壤品質可以提高農業生產力

土壤品質

❶ 土壤維護

1. 保護環境與生態

在早期的觀念中，普遍認為良好的土壤品質就是指能夠提供作物充足的養分，使作物有最大的產量，就是良好的土壤品質。但是這些年來，我們意識到環境保護與生態保育等問題的產生，而對土壤品質的好壞有一個新的思考方向。

現今的科學家所提出的定義，已不只是單純的作物高產量，良好的土壤品質應不能只注重作物的生產力，同時也應該注重環境保護、食物安全，以及動物與人類的健康。美國密蘇里大學土壤系教授拉森（Larson）與密西根州立大學作物及土壤科學系教授皮爾斯（Pierce）提出高品質的土壤應包含四個功能：

調節水的進出	增進水的運送與吸收	抵抗土壤物理性的退化	支持植物生長

筆者也認為良好的土壤品質必須包含：

最小的土壤沖蝕	土壤肥力的維持	維持良好的土壤構造與有機碳的貯存量	維持良好的水質與土壤溫度

2. 土壤品質的定義

土壤品質的好壞是決定農業與環境是否能永續經營的主要因素之一。當土壤接受環境中各種有害物質時，土壤本身具有的緩衝能力與自

淨能力，使土壤不至於在短時間內品質變差，是一個很重要的自然資源。
目前已被指出的土壤品質定義有以下幾種說法：

❶ 自然而來的土壤特性或不能直接觀察的特性（如密實性、沖蝕性、肥力等）。

❷ 土壤能支持作物生長的能力，包括不同因子的特性或程度，如耕作、團粒化、有機質含量、土壤深度、保水力、滲透力、酸鹼值變化、養分保持力等。

❸ 土壤在維持資源、環境、植物、動物及人類健康上的生產及永續使用的功能與能力。

❹ 土壤能在生態系統內部及外界環境對其產生作用時，所能發揮的功能或能力。

❺ 土壤能在一長期永續的環境中產生安全且營養的作物的能力，且能使人類及動物健康，且不損害自然資源及破壞環境。

❻ 土壤能很合適的被利用。

❼ 土壤具有植物及生物的生產力，能減少環境汙染物而確保環境品質，以及確保土壤品質與植物、動物及人類的健康。

　　不管如何定義，土壤品質應是指在現在及未來的環境中，具有發揮土壤有效功能的能力，包括促進作物生產、確保環境品質及動植物健康等，因此以第七項的定義最能被土壤學者所接受，且用來做為評估土壤品質好壞的基準。

❷ 土壤管理

　　為了環境資源的永續發展，土地就要朝永續性而非暫時性的管理，可以隨時評估，能對未來作出模擬與預測，並隨時掌握現有土壤調查資料中的現況。因此，關於土壤永續管理的策略，主要包括以下幾項來說明。

1. 發展永續土地管理的評估標準

　　土地的品質是決定土壤適不適用某一特定用途的重要因子，因此土地評估被用來推論土地適用度的好壞，或用來估計土地的表現程度。

　　為了土壤品質的標準化，敘利亞國際乾旱地農業研究中心研究員萊恩（Ryan）發展了一套名為「統計式控制圖」來評估土壤的變化。對於不同土壤指標因子均可計算其平均標準值，並根據現有知識及研究成果，訂定控制值上限與下限，如超出此二值，表示這個土壤性質已惡化。

　　但評估圖中土壤品質變化的關鍵觀念，在於土壤因子在長時間的變異，今以長時間不同土壤耕犁方式的變異結果，可用來評估其土壤品質是否惡化。研究指出，經常耕犁的土壤變異很大；盡量少耕犁的土壤，變異會隨時間愈來愈小；而永不耕犁的土壤，變異極小且不變。因此，我們可設計一套完整的土壤管理系統來控制土壤品質的動態變化，即可讓我們的土壤永續適合使用。

2. 建立可長期模擬的模式

　　為了土地的永續利用與保存，如果能發展一些模式來評估長期使用或管理下的影響，將是未來永續農業發展很重要的方向。在過去 10 年

中，作物生長模式已經變成結合研究與試驗成果等知識很有用的工具。許多在世界各個角落組成的研究團隊提出了多種產量預估模式，可應用於各種土壤、氣候及管理條件下。對於某一生長期內，預期產量通常與實際產量很接近，但對於長期性的預測，則較難且不可靠。

3. 作物殘體管理

永續土地管理必須要有足夠的土壤保育工作，以抵消在自然條件下，土壤因作物生產的需要而出現的退化現象，尤其以土壤沖蝕及土壤有機物減少是最普遍的現象，除非這些過程能被人類控制，否則土地退化或惡化會變得更嚴重。但氣候、土壤的種類及其有機物含量，常是決定土壤是否能永續利用的關鍵因素。

有機物含量在寒冷地區相對的比熱帶地區高；在相同溫度下，潮濕地區的有機物含量相對的比乾旱地區高。為了增加土壤中的有機物含量，作物殘體管理在未來永續農業的發展中就很重要了。此種土地管理的功能包括：

減少土壤沖蝕	增加土壤保水率	養分循環增快
增加土壤有機物含量	減少水蒸氣的蒸發及植物本身的蒸散	影響生產的其他相關因子

4. 土壤保持式耕犁

以水土保持為主要考量的耕犁方法，例如盡量少耕犁，除了可避免土壤沖蝕之外，也能減少土壤中有機物的分解。在世界各國的試驗中均

指出，其比傳統式耕犁方法，能在表土 5 到 15 公分內增加土壤中有機物含量及氮的含量。平均而言，在表土 15 公分內，碳及氮平均每年增加 1% 到 2%，碳增加率極限為 0.1% 至 7.3%，而氮增加率則為 0.1% 至 5.1%。

　　人類為了有限的農業資源，自應採取水土保持式耕犁，以維持土壤的生產潛能。為了土壤的永續利用，增加土壤中有機物含量的方法與土壤保持式耕犁的技術應再繼續研究與推廣，因為其在作物生產與環境品質的保護上將功不可沒。

5. 充分運用土壤調查資訊

　　面對未來農業的永續利用與環境資源之永續保存，土壤調查資料及技術的運用變得益發重要。為了建立了解及應用土壤調查資訊與技術的網路，荷蘭瓦哥尼根（Wagningen）大學繆瑞斯（Meurisse）與雷莫斯（Lammers）教授提出了五個觀點，可以測試各種土壤科學中的現象、學理及假說。前三個觀點常被使用於土壤調查中，後二個觀點在未來會漸受重視。

（1）把土壤當作自然體

　　此觀點與土壤生成的五大因子（地形、氣候、母質、植生、時間）有關，土壤會因地點位置、排水狀況、地形歷史及風化狀態的差異而有不同的性質。研究的基本單位應是土壤樣體，進而研究土系與製圖工作，更應將其做完整的土壤分類。主要土壤化育作用的時間尺度約為幾百年至幾千年。此為一切農業技術移轉的基本工作。

（2）把土壤當作植物生長的介質

此觀點主要是做土壤調查資訊的解釋，它可成功的預測植物生長，以及反應各種土壤管理及投資的結果。它能夠描述或解釋土壤有效水分及養分、熱傳導及根系膨大等現象。此觀點亦包括生物活性。因此，時間尺度從幾週、幾月到幾年。此方面是農藝及育林學者須研究的方向。

（3）土壤是一個構造體

此觀點可用來估算土壤的強度、可塑性、排水性及通透氣性，以及熱、水及能量在土壤體的傳導。參考的時間尺度僅幾週至幾百年。

（4）土壤是水分傳遞的個體

土壤物理性是主要的研究對象，主要的研究內容，包括土壤沖蝕、坡度穩定性、水文反應及逕流速度與品質等。參考的時間尺度為 100 年左右。

（5）土壤是一個生態系統中的成分

此觀點是強調微生物族群的重要性。土壤微生物及其生物、化學功能對土壤環境的轉變是重要的。養分循環、能量流動及傳輸過程亦受重視。另外，土壤的緩衝能力、自淨能力與環境汙染物的過濾作用也非常有關係。正常可供參考的時間尺度約為幾週至百萬年以上。

6. 實施有機農耕法

有機農業是一種較不汙染環境、不破壞生態，並能提供消費者健康與安全農產品的生產方式，也就是在作物栽培過程中盡量不使用化學肥料與農藥，利用農場內外的廢棄物及天然礦石提供作物養分，配合豆科

植物的輪作系統，並以生物防治法去除病蟲害的耕作方式，以維持農業生產。有機農業有時也被稱為生態農業、低投入農業、生物農業、動態農業、自然農法、再生農業、替代農業，或永續農業的一種。

　　實施有機農耕法不但可確保人類能在地球上繼續生存與發展，同時可以保持資源的供需平衡及自然環境的良性循環。基於土壤資源的保育，實施有機農耕法原則上需要注意以下七點：

❶ 篩選抗病性高的作物品種。

❷ 掌握適地適栽的原則。

❸ 採用保育耕犁方式，如不耕犁、最少耕犁、輪作及間作等。

❹ 推廣土壤檢測技術。

❺ 利用堆肥、微生物肥及綠肥改善土壤肥力。

❻ 有效利用農業廢棄物加以資源化。

❼ 利用資訊系統及專家系統進行土壤管理。

▲土壤科學不僅是一門室內的科學，更重視野外的觀察

土壤教育與土壤博物館

❶ 有土斯有財

　　自古以來，人類就能體會「萬物土中生」的道理，那是因為有土斯有財。舉凡糧食作物、纖維、禽畜等，都要靠土壤才能生產，人類也才得以生存。中國自有文化以來，一直有祭祀土地公的觀念，信仰上是希望土地能賜予人們好的收成，精神上則是對於土地的感恩與敬畏。「皇天后土」一詞，更是在帝皇時代裡，用來形容大地之神的抽象化名詞，可見得人們對土地的崇拜。

　　四千年前，虞舜就認為耕作土地，生產糧食，解決人民吃飯的問題，是關係著國家存亡的大事。春秋時代齊國宰相管仲也指出，只有重視土壤，提高土壤肥力，因地制宜而適地適栽，才能富國強民。因此管仲曾進行土壤調查，以合理地利用土地，發展農業而使齊國強大。北魏賈思勰所著《齊民要術》一書，更講述了很多管理土壤的道理與範例。所以，從歷史的角度來看，先人的智慧中已深植有土斯有財的觀念，反倒是人類在工業革命以後，忽略了土壤的重要性，因而在二十一世紀初，我們必須再重申這亙古不變的道理。

❷ 土壤觀摩會與博物館

　　歐美許多先進國家對於土壤教育相當重視，常常舉辦各種野外土壤觀摩會，讓專家學者、農民與社會各界人士，透過實際的參觀與討論，將土壤知識加以推廣。在許多農業與自然科學相關研究機構中，都設有土壤展覽館，陳列有關土壤的相關資訊，例如荷蘭瓦哥尼根市的國際土

壤參比資訊中心（ISRIC）就展示精心設計的土壤剖面實體。日本農林水產省（相當於農業部）的國立農業環境研究中心也有興建完善的土壤博物館，介紹所有土壤相關的各種資訊，包括土壤剖面實體、土壤分布狀況、農業發展與土壤資源、土地利用、研究報告等，且都印有宣傳摺頁，做為推廣資訊之用，這種兼具動態與靜態的知識傳播方式，能夠讓人體會原來不受到大眾重視的泥土，對人類生活而言，是如此的重要。

▲土壤科學不僅是一門室內的科學，更重視野外的觀察

　　中國南京市中國科學院的南京土壤研究所也有興建完善的土壤博物館，介紹中國代表性土壤的相關資訊，包括土壤剖面實體、土壤分布狀況、農業發展與土壤資源、土地利用、研究報告等。

　　臺灣較欠缺這些土壤觀摩會，原因是決策者較不重視，而在教育體系中也欠缺對土壤的介紹，一般大眾也缺乏管道獲得相關訊息。臺灣目前有兩個專屬的土壤博物館，一在行政院農業委員會位於臺中市霧峰區的農業試驗所中，有一座完善的土壤博物館，名為「臺灣土壤陳列館」，已在 2002 年底對外開放，該館蒐集了臺灣各地不同的土壤剖面實體、岩石與礦物、土壤構造及土壤在農業與環境生態的多媒體展示，算是世界上極具規模的土壤博物館。另外，在臺北市的國立臺灣大學農業化學

▲土壤博物館的設立，負有土壤教育與推廣的　▲國立臺灣大學農業化學系的土壤博物館
責任　　　　　　　　　　　　　　　　　　位於臺大農場內洋菇館一樓

系，也有一規模較小的土壤博物館，完整地展示臺灣各種氣候帶、東部
黑色土及陽明山火山灰土等剖面實體、土壤圖以及為數甚多的土壤微細
構造標本。兩個土壤博物館都有專業的解說人員，可讓參訪者更容易了
解臺灣的土壤，這是臺灣在土壤教育推廣上很重要的進展，豐富了學校
與社會教育，相信我們會更珍惜每天腳踩的每一寸土地。

◀臺灣土壤陳列
館內部所陳設
的土壤剖面實
體與詳細的多
媒體解說

❸ 土壤保育的相關法令

　　土壤資源的流失與汙染，來自土地利用不當而引起土壤沖蝕、廢水
排入土壤、廢棄物任意棄置於土壤或毒性化學物質洩漏而進入土壤等。
對於這些破壞或汙染土壤的行為，可依水土保持法、水汙染防治法、廢
棄物清理法、毒性化學物質管理法來加以管制，及早去除造成土壤汙染
之原因，以避免或減輕汙染之持續或擴大。雖然上述的土壤保育相關法

規可間接提供防制土壤汙染之依據，但顯然不足於分擔和解決土壤汙染防治的工作。因而於 2000 年有「土壤及地下水污染整治法」之單獨立法，一方面期望建立土壤汙染之處理機制，以順利展開環境汙染整治工作，另一方面則期望藉由「土壤及地下水污染整治法」之規範，促使全民正視環境保護、汙染預防與管制的重要性，積極從減輕汙染與控制源頭著手，以避免土壤汙染問題的發生。

1. 水土保持法

在過去幾十年，由於人類在土地利用與資源的開發，全球土地退化的面積已達 50 億公頃，約占全地球可供種植土地面積的 43%。這樣的開發利用行為，確實造成土地資源功能無法充分發揮，包括農業生產力降低、農業生態環境破壞，造成人類生活品質惡化。因此，政府部門以「水土保持法」來保護國家的水土資源，以避免或減少臺灣地區因山坡地超限利用或違法濫墾與濫伐後所造成的土壤流失。

2. 水污染防治法

在「水污染防治法」訂有放流水標準；另對於廢（汙）水排放進入土壤，也有土壤處理法之相關規定。同時在水污染防治法施行細則中也規定水利主管機關對廢（汙）水排入灌溉專用渠道必須訂定水質標準。這些規定可命令汙染者停止排放廢汙水入土壤，對於土壤汙染防制有間接之作用。

3. 廢棄物清理法

「廢棄物清理法」中對於管制有害廢棄物棄置，以避免防止汙染土壤，有相關之規定。在「事業廢棄物貯存清除處理方法及設施標準」中，對於事業廢棄物，尤其是有害事業廢棄物之貯存、清除和處理方法及設施標準均有防止土壤受這些廢棄物汙染之精神和規定在內。

4. 毒性化學物質管理法

對於毒性化學物質汙染環境之環境定義，也將土壤品質列入考慮。藉由「毒性化學物質管理法」之落實，可管制有毒化學物質洩漏入土壤中，可防止土壤遭受毒性化學物質之汙染。

5. 土壤及地下水污染整治法

「土壤及地下水污染整治法」於民國 89 年通過立法，於民國 99 年 2 月 3 日有大修正公告，其法案內容共分總則、防治措施、調查評估措施、管制措施、整治復育措施、財務及責任、罰則及附則等 8 章 57 條，其中第 1 章至第 4 章之內容為有關土壤汙染防制之相關規定。第 5 章為汙染復育措施，主要包括汙染區之整治計畫、整治目標及相關汙染控制計畫、汙染來源不明確之限制事項與應變措施。第 6 章為財物及責任，主要包括汙染整治基金的用途、來源、管理委員會之設立及汙染土地關係人的注意義務等。第 7 章為罰則，也就是針對相關人員未依法執行而導致汙染或致人於死的民事或刑事責任問題。第 8 章是附則，包括土壤經整治復育後的土地開發計畫、整治經費的債權處理與求償權及可向行政法院提起訴訟的規定等。有關「土壤及地下水污染整治法」的內容可參考本書附錄 2。

土壤汙染

臺灣高溫多雨，成土母質複雜多變，加上
地狹人稠，對土地進行密集式的耕種，數
百年來，在氣候、地質、自然環境，以及
各種人為活動等不利因素的交互作用下，
衍生出許多不可輕忽的土壤問題。

聯合國糧農組織 2021 年 6 月啟動推動世
界土壤零汙染，呼籲各國政策決策者能注
意土壤資源的維護與永續管理。

臺灣早期部分農業灌溉水受到上游工業區或地下工廠排放的廢水所汙染，造成水質惡化，進而汙染許多農田土壤。這些農田土壤汙染物包括重金屬及有機化合物，其中又以重金屬較為嚴重。以往由於廢汙水排放監測系統不完整，監測工作不確實，常造成農田土壤受到汙染，土壤品質因而惡化。

另外，部分畜牧業者為節省成本，未按規定妥善處理畜牧廢水及固體廢棄物，使廢水排入河川或地下水而汙染環境，造成鄰近地區之惡臭，而河川中氮與磷含量太高而引起優養化作用，這些都會間接造成土壤汙染。例如，畜牧飼料會添加銅、鋅等重金屬，造成畜牧廢棄物堆肥中含有高量的重金屬，其濃度可能會超過政府所規範的堆肥品質標準，因而導致畜牧廢棄物資源再回收利用於農田土壤的問題。

重金屬汙染土壤後，土壤中的細菌、真菌及放射菌等菌數會下降，而有機氮之礦化、硝化，根瘤菌之固氮作用等亦隨之降低，因而導致農作物減量。作物對重金屬之需求不一，有些重金屬成分為植物所需（鋅及銅），然量多時將引起毒害，且土壤中過多的重金屬將被作物吸收累積於植物體內，而含重金屬之作物經由食物鏈將影響人類食用之安全。

農田土壤重金屬最受大眾所注意，目前臺灣地區受汙染農田土壤中，以重金屬汙染面積最大也最嚴重。重金屬無法被分解，因此容易透過生物濃縮作用或生物放大作用而累積在人體中，同時也會增加土壤整治復育的困難度。重金屬不像有機化合物會在土壤中慢慢地分解，不過只要重金屬含量不是太高，則可透過沉澱，吸附或氧化還原等作用而降低其溶解度，意即在正常情況下，土壤自有其降低重金屬生物有效性的調控

機制，以減少重金屬被作物所吸收。不過，當重金屬總濃度太高時，其移動性也隨之增加，因而會明顯汙染作物與環境。

除了農田外，加油站油品洩漏所造成的土壤汙染場址，是臺灣目前汙染場址數量最多的土地類型。加油站地下油槽管線因地震或腐蝕造成油品緩慢外洩，汙染周圍土壤和地下水，不易被發現。臺灣地區地震頻繁、地下管線鏽蝕等潛在問題，讓油品儲存與輸送過程中，外洩至土壤而汙染。如果油品外洩點有地下水流通，更可能由於地下水之傳導，將加油站之油品汙染到地下水下游。

◀加油站因漏油而汙染土壤後，停止營業進行整治

廢棄物非法棄置，是另一個臺灣特有的土壤汙染型態。1994 年高雄大樹地區遭非法棄置有害桶裝廢液事件造成一死一傷，之後陸續在北部三鶯大橋下、河床邊等地發現遭非法傾倒有害事業廢棄物。1998 年間非法的廢棄物清除處理業者，非法棄置有害事業廢棄物在許多場址中

▲土壤一旦遭受汙染，政府須依法管制

而汙染土壤，除了造成環境衝擊外，也引起民眾及主管機關相當大的震撼及高度關切。

❶ 臺灣農田土壤重金屬汙染調查歷史

稻米是世界上最重要的糧食作物之一，全球耕作面積超過 1 億 5 千萬公頃，僅次於小麥。全世界所生產的水稻中，有 90% 以上來自季風亞洲區（包括臺灣）。因此，與稻米生產有關的土壤汙染、糧食安全與人體健康等議題

▲稻米是世界上最重要的糧食作物

愈來愈受到跨國界的重視。另一方面，臺灣地區的農田灌溉水源曾嚴重地受到工業廢水非法排放所影響，導致水田土壤與稻米受到重金屬汙染而威脅食品衛生與國民健康。

　　臺灣農田土壤因廢水排放而導致重金屬汙染之主要產業類別為化工廠、電鍍業、染料工廠及養豬廢水等。回顧臺灣農田土壤重金屬（包括砷、鎘、鉻、銅、汞、鎳、鉛、鋅等 8 種元素）汙染調查歷史，主要分為四個階段：

第一階段 (1983-1986 年)

針對全國 116 萬餘公頃農田的土壤，以 1,600 公頃為 1 單位網格，分 4 年進行大樣區的概況調查，第 1 年完成苗栗、臺中、雲林、彰化、南投 5 地區之概況調查，第 2 年完成嘉義、臺南地區概況調查，第 3 年完成臺北、桃園、新竹、屏東、高雄地區調查，第 4 年完成宜蘭、花蓮、臺東地區概況調查，於 75 年底完成「臺灣地區土壤重金屬含量調查總報告」。其調查結果參考專家學者共同訂定之「臺灣地區土壤重金屬含量及等級區分表」作為調查結果分級之標準，調查結果顯示重金屬含量偏高，即分級標準達 4 級或 5 級以上之地區約 30 萬餘公頃。

第二階段 (1987-1990 年)

調查對象為第一階段概況調查中列為可能汙染地區，採樣範圍以 100 公頃為原則，重金屬含量較高者以 25 公頃為 1 單位網格，進行較細密的中樣區調查。根據暫定標準之分級結果，列為 4 級的地區約有 5 萬公頃，5 級地區約有 790 公頃，其中第 4 級以雲林縣 1.5 萬公頃較多（占耕地面積 17%），臺南縣市 0.8 萬公頃（占 7.1%）次之；另列為第 5 級地區則以桃園縣、新竹縣市、彰化縣、臺南縣市較多。當時列為所謂第 5 級之各種重金屬濃度為砷 60、鉻 16、鎘 10、銅 100、鉛 120、汞 20、鎳 100、鋅 80mg/kg，其中砷與汞為全量，而其他元素為 0.1M 鹽酸萃取量。

第三階段 (1992-1999 年)

針對中樣區（25 公頃）調查結果之重金屬含量偏高地區或認定有汙染地區，再以 1 公頃為一採樣單位進行更細密調查。調查結果重金屬含量列為第 5 級之累積面積計為 950 餘公頃，造成汙染之主因為灌溉水遭廢汙水汙染，其中以彰化縣、桃園縣、臺北縣之受汙染面積較多，主要重金屬項目為鉻、鋅、銅。

第四階段 (2000-2005 年)

在第三階段調查結果達第 5 級以上之地區，繼續定期監測及調查，並追查汙染源。其中砷、鉻、汞、鎳、鉛、鎘、銅、鋅 8 類重金屬達第 5 級地區面積合計 1,024 公頃，扣除銅、鋅以外 6 類重金屬達第 5 級地區面積合計 319 公頃，調查結果顯示以彰化面積範圍最大。在 2000 年公告土水法後，針對該 319 公頃進行查證調查及依法公告列管作業。採樣分析結果顯示達土壤汙染管制標準農地約 282 公頃；而達土壤汙染監測基準且未達土壤汙染管制標準的農地約 138 公頃。

第五階段 (2005-2018 年)

環保署土壤及地下水汙染整治基金管理會過去 10 年 (2005-2015 年) 已針對彰化地區、桃園地區及臺中地區進行大規模的農地潛在汙染區進行調查，確定各縣市之汙染區範圍及汙染情況。

環保署土壤及地下水汙染整治基金管理會未來 3 年 (2016-2018 年) 將針對彰化地區、桃園地區及臺中地區進行的農地汙染區進行土壤汙染整治，希望在 2 年內完成任務。

❷ 基於環境友善的土壤整治

　　全世界已發展出很多土壤重金屬的整治復育技術，其中仍有許多技術的經濟可行性不高且不符時間成本，或是整治後難以恢復土壤原有正常功能。農田土壤復育最終目標仍希望能維持其農業生產用途，因此為

了環境的永續經營且根據臺灣過去整治土壤的經驗，現階段可行的農田土壤整治復育技術為翻轉稀釋（soil turnover and dilution）、現地化學改良劑穩定法（in situ stabilization by chemical amendments）及植生復育（phytoremediation）。

1. 翻轉稀釋

將受重金屬汙染的表土用乾淨的裡土加以稀釋，是為了維持土壤農業用途的變通方式，使用機械動力先將表、裡土分別挖出後進行攪拌混合，以降低重金屬總濃度，然後再回填，優點是成本低廉且快速，不會破壞土壤原有性質。然而，翻轉稀釋法較適用在汙染濃度不高的土壤，且地下水位與土壤礫石含量不能太高。

翻轉稀釋是臺灣整治農田土壤最主要的方法，由於土壤有機質與許多養分多集中在表土，以至於在稀釋重金屬的同時，也降低了表土的有機質含量，所以在整治後土壤需要補充堆肥等有機資材及必要的化學肥料，來滿足日後作物生長所需。除此之外，翻轉稀釋的同時，水田土壤原來具有停留灌溉水功能的犁底層（plow pan，通常在 20-30cm 深度左右）會被破壞，以致於回復種植水稻時缺乏此一不透水層來保留灌溉水，因此在回填稀釋土壤時，需要透過機械的夯實（compaction）來重建犁底層。翻轉稀釋的隱憂是，重金屬在表土層的總濃度雖然降低了，但是總質量卻沒有改變，而溶解度不一定隨之下降，也就是說無法掌握後續種植作物時的重金屬生物有效性變化。

2. 現地化學改良劑穩定法

　　整治土壤最積極的作為之一，是將汙染物移除或分解破壞，但由於重金屬無法被分解，因此許多為了達到移除重金屬目的之土壤整治技術可能過於昂貴或耗時，同時也不切實際。基於重金屬本來即為地殼元素之一的原因，所以在現地穩定重金屬而達到降低其溶解度的目的，是一個可行的復育技術，其中施用化學穩定劑並保有農田土壤原來的功能即被視為一個可行之道。吸附、離子交換與沉澱作用是化學穩定法降低土壤重金屬溶解度的主要機制，可降低根部吸收重金屬的機會。石灰資材、磷礦石、沸石、皂石、黏土、鐵錳氧化物與有機質等，都曾被添加在重金屬汙染土壤中，做為天然化學改良劑。這些化學改良劑主要能增加土壤吸附重金屬的能力，或是對某種重金屬有特別的固定能力，或是讓重金屬成為沉澱物。

3. 植生復育

　　廣義的植生復育，乃是利用耕種植物來達到整治土壤的目的，以移除重金屬而言，最常以植生萃取（phytoextraction）技術，利用根部吸收重金屬並轉移到地上部後，達到降低土壤重金屬濃度的目的。適合進行植生萃取的植物之生質量要愈大愈好，且吸收重金屬能力要夠強。植生復育的優點是成本低廉，處理面積大，不過缺點是耗費時間長且僅適用在中低汙染程度之土壤。在探索更多具有高效率植生萃取能力之植物時，添加改良劑來促進植物吸收重金屬是最有效的方法之一。另外，篩選能成長的較為高大的耐重金屬植物，是另一個改善植生萃取的途徑。植生復育雖然是一個環境友善的土壤汙染整治方法，但所耗時間極長是它的缺點。

植生萃取技術原理

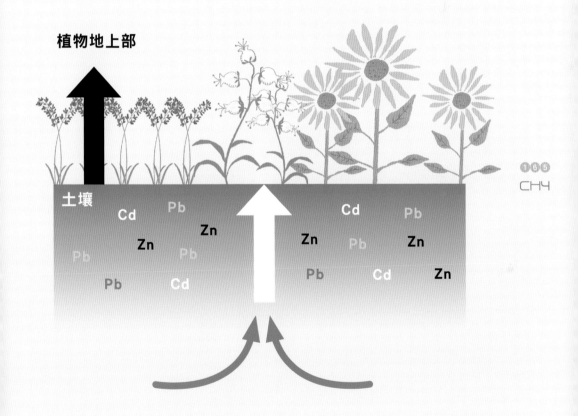

土壤改良劑	植物特性
★ 增加重金屬有效性 ★ 增加植物吸收量	★ 高生質量 ★ 累積高濃度汙染物 ★ 生長迅速 ★ 由根部往地上部傳輸

植物地上部

土壤

Cd　Pb　Zn　Zn　Pb　Pb　Pb　Cd

Cd　Pb　Zn　Pb　Zn　Pb　Cd　Zn

生活與土壤

土壤就像水與空氣一樣，在人類的身邊垂手可得。人類每天要呼吸新鮮空氣與飲用乾淨的水，因此會特別注意水與空氣的存在與強調兩者的重要性；不像水或空氣迫切被人類需要，土壤長時間被人類「踩在腳下」，土壤「支撐」起人類每日的生活，但是人類卻常常忽略了土壤的存在。一如前所述，土壤的用途十分廣泛，舉凡蘊育植物、生長糧食作物、儲存水分與淨化水質之外，因為土壤本身極強的緩衝能力，土壤還能容納髒汙，解決人類的垃圾問題。土壤與地球環境息息相關，與人類的生活也密不可分。

❶ 種植糧食作物

　　因為土壤的孔隙可以蓄涵水分與氧氣以供應作物生長所需，土壤的有機質與礦物質可以提供作物生長所需的各種養分，土壤最重要的功能與對於人類最大的貢獻，莫過於提供糧食作物，以維持人類的生計與延續人類的生命。目前市面上有利用水耕或其他非土壤的介質所種植出來的作物，但畢竟為數不多，因為這些非土壤的介質與真正的土壤有很大的差異，包括蓄涵水分與養分的能力以及對抗環境變化的緩衝能力，有些無法重複循環利用，使用不當可能會造成環境的汙染。另外，近 10年來一直受到重視的有機農業，使用有機堆肥而不使用無機化學肥料，生產無農藥的作物，強調土壤的保育及土地的永續利用，對於土壤而言是

▼▶土壤提供人類所需糧食作物

個相當重要的生產措施。為因應全世界可耕地逐漸減少、人口驟增與環境汙染事件頻頻發生的衝擊，我們需要思考如何在有限的土地上種植足夠的糧食作物，但又不能肆無忌憚地過度耗竭土壤地力。

▲滿足三餐的農產品，必須從健康的土壤中生產而得到

❷ 天然的過濾器

　　由於好水引起一股風潮，世界各地包括臺灣都在販賣號稱「好水」的礦泉水，前陣子臺北地區也出現「水」的專賣店，專門販賣世界各地的「好水」。大多數的人只要看到岩石間湧出的水或從砂礫層汲出的地下水，就會認為好水都存在地底下，但似乎很少有人會想到其實土質和水有很大的關係，因為雨在滲透地下之前一定會通過土壤的。雨水好喝嗎？一般溶解在雨中的成分比河水或地下水還要少，什麼成分都沒有的水喝起來索然無味，此外，雨中含有的一些空氣汙染物質及灰塵也十分令人

◀土壤可以淨化水資源

擔心。當雨下在農林地時會發生什麼變化呢？地表有植物及土壤，下雨時雨水沿著植物的莖葉流入土中，此時會帶走一些由植物本身供給礦物質及其他成分；當雨流到土壤裡，塵垢會被細微的土壤粒子吸持住，表面帶有電荷、孔洞多、表面積大的土壤粒子吸附氨態氮、磷及重金屬物質，就像除臭劑一樣，把髒東西（或汙染物）留在土壤體中而淨化水質。此外，流經住宅區或人類生活範圍的河川，水中恐怕已混入細菌等有害物質，必須經過大量的氯消毒，但是水的甘甜度在此時將完全的被破壞。

③ 廚房的刀具與餐具

土壤也能做成刀具？是的，現在於各大賣場或網路上都能找得到利用土壤中的組成分製成的精密陶瓷刀具，這個主要的成分稱為二氧化鋯（ZrO_2）。二氧化鋯為土壤中的一種極能抵抗風化的成分，不具有膨脹收

縮的特性，性質穩定，由土壤中萃取出來之後，經過添加膠結劑與高壓成形等過程，即會變成尖銳的刀具，市面上有許多陶瓷製成的廚房用具，包括陶瓷刀、刮刀、剪刀、削皮刀、割紙器、割袋器、果皮刀、開瓶器、磨刀棒、研磨罐、蔬菜調理器、麵包刀、蔬菜刨絲刀等。精密陶瓷刀具備抗菌、不生鏽、不殘留任何食物異味、不受酸鹼食物影響，以及僅次於鑽石的高硬度等優點，而其材質輕巧，即使手勁小的女主人也能夠輕易使用而不費力；它不會生鏽且刀面無縫隙不易孳生細菌，特別適合處理生魚片、肉片、製作生菜沙拉，綜合水果盤等不需加熱熟食的生鮮食物；在處理不同類型的食物時，只要輕輕清洗擦乾，就能去除食物遺味，非常方便好用。但是價格較為昂貴，目前並未被大眾廣泛地接受。

另外，家裡餐桌上的陶瓷器具與餐具也都是利用土壤製成的。土壤中的粒子由大到小可區成砂粒、坋粒與黏粒，其中黏粒的粒子細小（<2μm），經高溫之後會變為極堅硬的塊狀。經過人為選擇或調配適當比例的陶土，提高黏粒的含量，在適當的高溫下烘燒，再點以顏色與圖案，就會變成家中所用的陶瓷器具與餐具了！

❹ 用土染色

土壤會染色，我們都體驗過。小時候大家都曾玩過泥土，特別是紅土與黑色的土，一不小心泥土沾到衣服上擦也擦不掉時，這就是土壤會染色的證據。泥染技術據說是從印度、東南亞、中國等地傳來的，現在這些地區有少數的原住民也仍在使用泥染。泥染手法會產生一種合成染

料所沒有的獨特光澤。在日本奄美大島有一項傳統工藝品——「大島綢」就是用植物汁液與泥土染色製成的；土中含有的鐵質是染色必備的原料之一，而植物汁液含有色素及少量單寧，這些物質與鐵質都是不溶於水的化合物，他們在絲綢上起作用，使顏色附著其上。

❺ 從穴居到成為建築的材料之一

土和人類的居住生活有著密切的關係。原始的人們都住在天然洞穴或沿著山壁所挖掘的洞裡；時至今日，中國貴州省發現仍有數百位苗族人住在海拔 1800 公尺，接近山頂的洞穴中，為亞洲現存唯一的穴居民族。蘭嶼島上最具建築風貌的村落，為雅美人一半興建在地下的茅屋，稱為（半）穴居屋。人們之所以會在土中掘洞居住，絕大部分是由於地溫的緣故。土的熱傳導率小，愈深的地方振幅愈小，在地下數 10 公分

▼穴居是古代人生活方式之一

▼▶土塊厝是臺灣早期農
村常見的房舍

處，感受不到太陽每天的變化。若在地表以下數公尺的地方，則一年到
頭的溫度都一定。如此固定的溫度大概比該地區的平均氣溫高約 1~2 度，
住在裡面冬暖夏涼。井裡的水通常保持一定溫度，也是同樣道理。

　　除了直接住在山洞之外，土也是最常被運用的建築材料，例如：在
鄉下地方仍可看到厚土圍成的倉庫或土牆，以及用土磚砌成的房屋。不
光是因為土是隨手可得的材料，土的物理特質確實能幫助人類的居住生
活創造舒適的居住環境。首先，它具有良好的隔熱性。若以熱傳導率來
表示傳熱難易的話，土的熱傳導率在乾燥土時最低。正因乾燥的土不易
傳熱，所以住在用土砌牆的房子裡不會受到外面氣溫的影響。此外，土
壤不會燃燒，能吸附討厭的味道及煙霧，且能自動調整溼度，加工十分
容易，所以非常適合做為建築材料。

　　筆者小時候住在傳統的三合院，都會不經意問父母親：為什麼家裡
的牆壁，裡面都是「土」做的？屋頂裏面也有「土與草」？是的，這樣的
房屋是傳統的「土塊厝」建築，由於保存不易，目前在臺灣地區要看到
這樣的房子並不容易，尤其是完整的老房子。由於早期的建築所用的材

料多以生活周遭容易取得的物件為主，包括木頭、稻草、茅草與土壤，都是材料之一。土塊的製法多為自現地取得黏土，加上米糠、煮熟糯米，混合攪拌後倒入一個模子搗實，再倒出來陰乾後，便可以使用。「土塊厝」建築的底部通常會使用石塊、石板或大鵝卵石做為基石，土塊的堆疊方式和現在的磚塊相同；土塊厝其最特殊的地方要算是「編竹夾泥牆」，在土塊厝牆壁內，用菅芒花枝幹或是細竹條當支架，再塗上粗糠、泥土，最外層再以石灰磨平。

當然土也不是完全沒有缺點的。只要含水量較多就容易崩塌，尤其

◀單一土塊的厚度（上）與大小（下）

◀壁面敷以粗糠、泥土的混合物

◀土塊厝的牆壁

是多雨地區。隨著建築材料愈來愈進步，用木材、土或竹子建造的古式房子愈來愈少見了，尤其是都會地區。土壤的確具有非常優越的特質，是個相當好的建材，或許以後大家希望多接近大自然的環境，可以考慮仿照土塊厝的方式，蓋起新的土塊厝。另外，磚牆與瓦片搭建起來的建築（磚造紅瓦厝），也是使用土壤做為建築材料的例子。

▼土壤可以製成磚塊

▼▶土壤燒製的磚塊應用在房屋的構築

▼土壤燒製的瓦片

❻ 製作特殊陶瓷

　　黏土可以用來製做陶瓷，這是大家都知道的事，但是在大家的印象中，陶瓷是十分容易破碎的器具，為什麼現在卻能變成耐熱耐壓的材料（特殊陶瓷）？

　　製造特殊陶瓷材料的手續有別於一般燒製陶瓷的方法，必須有精密的科學控制。普通陶瓷品很容易碎裂是因為主要成分（氧化矽和氧化鋁）的晶體排列很不規則。為了彌補這個缺點，製造特殊陶瓷不以天然黏土為原料，而是以一定比例的高純度氧化矽、氧化鋁燒製。在嚴密控制下燒出的陶瓷製品，它的內部晶體排列就能整齊又規則，表現良好的性能。特殊陶瓷受人矚目的，就是它耐高溫的能力超越了鋼鐵，可以因此省下許多燃料費，機械的運作效能也大量提高。現今有許多科學家致力於開發特殊陶瓷的種類與應用範圍，在材料科學中，可說是新型材料中的明日之星。

　　另外，氧化鋁陶瓷（又稱剛玉）又被稱為陶瓷之王。由於能耐高溫（可以在高達 2000°C 的高溫下使用），因而可以用來製作一些耐高溫的坩堝，以冶煉一些在高溫下才能熔化的金屬；且由於其在高溫下外形不會發生變化，用它製作高溫下使用的儀器就很合適了。另外，剛玉的硬度超過任何金屬，用它製造的刀具可以切削高硬度的高速鋼，且它的壽命比硬質合金刀高 3~6 倍；由於十分堅硬，還可以用來製造工業中大量使用的密封環、密封圈，以及經常容易被磨損的軸承和軸套。剛玉又有良好的絕緣性能，它能在高溫、高壓下保持良好的絕緣性能，因此它已

被廣泛使用於電力工業和電真空工業中，以及製成陶瓷汽缸、火星塞、陶瓷高壓電容、絕緣陶瓷管（保險絲管，電熱用絕緣套管等）、耐火白管（廣泛用於電熱線支撐，熱電耦保護套及電熱套管）、陶瓷塗料（用於金屬表面塗裝，耐溫可達 900°C，廣泛用於加熱系統的塗裝）等。

▲生化陶瓷珠

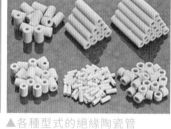

▲各種型式的絕緣陶瓷管

▲液體電蚊香及香精油的吸收棒

◀細化器

▶氣泡石

另外，生活周遭也有許多應用特殊陶瓷的例子，包括水族材料中的多孔質水族濾材（包括生化陶瓷珠（可培養厭氣和喜氣性的菌種，並具有離子交換，除臭，調整 pH 值等功能）、細化器（孔隙小，分布均勻，能充分細化氣體溶於水中）與氣泡石（適用於海水及淡水））、上釉瓷管（瓦斯點火棒，毛巾桿）、遠紅外線陶瓷管、氙氣燈陶瓷絕緣管、機能性濾材（飲用水濾材（可溶出有機鈣和磁化水的濾材）與沐浴用（除氯陶瓷））、連續孔徑及多孔質陶瓷（液體電蚊香及香精油的吸收棒）等。

此外，特殊陶瓷還用在人體，包括人工關節、人工骨頭與假牙等。在人工髖關節材料方面，已研發出陶瓷材質股骨頭及髖臼內襯來做為磨損的介面，以新的技術將鈷鉻鉬合金之金屬股骨頭及高分子聚乙烯髖臼內襯以陶瓷來取代，可以降低磨損率；此陶瓷材質也廣泛應用於牙材，目前已用於人體關節的替代品，與肌膚接觸不會對人體造成金屬過敏現象，也延長人工關節等的使用壽命。

❼ 製作陶器、陶冶身心

土經燒烤之後可製成各種的陶器，因為土壤中的黏土富含多種礦物質，當高溫燒烤的時候，礦物質質地發生變化，彼此緊緊聚合在一起，於是從柔軟可塑性高的物質，轉化為堅硬的質地。被當作原料的黏土是從各地礦床中採集得來的。

製造陶瓷器最常使用的是石英、長石和高嶺石黏土，有些土壤孔隙較多與易生氣體而導致失敗，有些則質地較軟與容易變形，因此，為了生產堅固完美的製品，必須嚴格地調配原料，但有時把普通的岩石或土壤磨碎當成原料，也能燒出漂亮耐用的器皿。在燒製之前，需要仔細思考及使用與目的相符的原料（好的土質）和燒窯溫

▲土壤可以燒製成生活中的容器

▶土壤可以燒製成藝品

度，包括乾燥、燒窯、冷卻時間及速度、土粒大小等也是生產品質優良陶瓷器的主因。所以何種質地的土才是適合燒製的「好土」，必須有賴於細心觀察與試驗。

　　除了實用的目的之外，「捏陶」似乎也成了現代人在工作忙碌之餘，用以解除身心壓力的方法之一。在小學的美勞課裡，老師會教大家用黏土做出各種立體的造型，使用黏土來雕塑物體，可說是「捏陶」的啟蒙時期。由於泥土具有可塑性與黏性，塑成各種形狀，世界上很多的民族都藉此雕塑出具有民族代表性或特色的黏土製品，並繪上各種顏色與圖案，成了極富趣味的商品。

⑧　新一代的保養品

　　愛美的女性一定都聽過或曾經用過「深海底泥與溫泉泥」……等的皮膚保養品，是的，這些都是來自於土壤。由於水文的循環，細粒子的土壤顆粒（包括坋粒與黏粒）懸浮在水中，隨著溪流進入大海，經年累月不斷累積的結果，在海底堆積起一層深厚的底泥，而土壤粒子的表面帶有電荷（以負電荷較多），在流動或沉積的期間會吸附帶正電的礦物質

（陽離子），因此深海底泥中便富含有多量的礦物質元素，聰明的商人便將這些物質由海底取出，經過加工處理，變成女性的保養品。溫泉泥中也富含各種礦物質元素，主要由於地質活動的高熱，將岩石中的礦物質溶解出來，經由溫泉水帶至地表然後沉積在水底，取出後加工處理，便成為市面上所見的商品。這一類商品因為強調來自於天然沉澱物，雖然價格昂貴，但也造成一股風潮，儼然成為新一代的保養品。不過，到海邊或溫泉區遊玩，千萬不要刻意或隨便將底泥塗敷在臉上或身體上，因為底泥中除了會吸附礦物質元素，也會吸附與沉澱一些不好的東西，包括細菌、病菌、微生動物、重金屬、有機酸等，對皮膚造成過敏或感染的反應。

另外，口紅與腮紅中都有土壤的存在！化妝用黏土的主要原料，具有粒子小、不易溶於水、容易附著於皮膚、延展性佳、不傷害肌膚、觸感好等特性，包括滑石、高嶺石、雲母等種類。滑石的含量因產品而異，是製造粉餅的主要成分，由於鋪在皮膚上觸感光滑、附著力強與能強力吸汗，因此常被用來製作爽身粉。高嶺石覆蓋力強，對皮膚有鎮淨、冷卻的作用，因延展性差，通常與滑石、雲母等黏土搭配生產，如蜜粉、爽身粉、固體腮紅等。

⑨ 在土裡循環利用

人類賴以生存的環境——地球，包括：寬厚的大氣層、深邃的海洋領域以及分布廣大的土壤，這個空間原本擁有極大的包容力，即所謂「自

淨能力」，許多物質導入其中不被氧化分解即被稀釋而消失於無形。故自古以來，但見家家炊煙嬝嬝卻未見空氣汙染，但見廢棄物隨意棄擲也未聞有土壤或水質之汙染。長久以來，土壤即為各種廢棄物之最終處置場所，藉由土壤本身之自淨作用，土壤尚能保持自然原貌，提供其在環境中的正常功能。因為土裡住著蚯蚓、微生動物與微生植物等，種類多的數不清，各自具有分解不同有機物的能力，能將有機物徹底分解，而廢棄物中不乏許多微生動植物生長所需的有機與無機養分，有利於繁殖，對於創造豐富的生態系統有很大的幫助；有機物被分解後可形成養分再被農作物吸收，既可解決垃圾問題又能有效利用資源，的確是一石二鳥之計。

然而，文明的結果帶來人口集中於都市，生產企業化，經濟富裕，購買力提高，許多人不再珍惜物力，喜歡用過即丟，使得人類活動所產生之都市垃圾和工業生產過程中所產生之大量廢棄物，被長期、密集且迅速地排出而堆積於環境中，使天然的自淨能力無法應付而失去其功能。

土壤在環境中扮演的角色多為隱性且間接的，很容易被人忽略其在環境領域之影響及重要性。一般而言，土壤汙染不若空氣或水可直接影響人體，然而，土壤為糧食生產的主要基本物質，一旦受汙染，輕者影響作物生長及其品質，重者將使作物蓄積有害物質，再經由食物鏈傳遞而為人畜攝食，最後危害到人類的健康，實不容忽視。汙染物質經由土壤的傳輸滲入地下水體，影響地下水之飲用安全，亦會構成人體健康的嚴重威脅。因此，每個人都應責無旁貸做好土壤的保育，將乾淨的土地留給以後的世代。

附錄 ①
臺灣舊土壤分類系統

一、土系為分類基本單位

臺灣地區的土壤分類，一直沿用美國農業部 1938 年所建立的系統，並以 1949、1955、1959 等逐年修訂的系統為架構，再依臺灣地區特有的土壤特性及性質加以命名而成，主要以「土系」為土壤分類基本單位。

土系的命名以最先發現此一土壤的地名加以稱呼，往後若有出現相同的土壤就援用該土系名稱，例如平鎮土系、淡水土系、鹿港土系、林邊土系、瑞穗土系等。這些地名是大家耳熟能詳的臺灣地名，例如平鎮土系首次是在桃園平鎮發現並命名的，不過後來在南投埔里的臺地紅壤上也發現相同的土壤，因此也以平鎮土系稱呼。

在這個舊分類系統中，並以「大土類」或「土類」稱呼臺灣地區代表性的區域性土壤，但似乎不很適當，因為其名稱主要是由土壤母質來源或剖面的顏色及其特性來命名，是較老的命名方法，以往大家常聽到的名稱，如石質土、灰壤、灰化土、崩積土、黃壤、紅壤、黑色土、老沖積土、新沖積土、混合沖積土、鹽土、臺灣黏土等，都是在 1951 年左右被沿用至今的稱呼。這些名稱均是美國在 1960 年代以前所建立的土壤分類系統下所使用的名詞，存在著不適切與困擾的地方，因此現在大都已不被學術界所用，但一般農民仍在使用，主要原因是依據土壤顏色及土壤母質直接稱呼，很容易了解與溝通，但是在土壤肥培管理及學術研究上，時常造成困擾。

二、主要土壤分布與特性

以下分別說明美國舊土壤分類系統主要土壤的分布與特性。為了方便比較，括號內為新土壤分類系統的名稱。

❶ 石質土（新成土）

此乃由母質經簡單的物理、化學風化作用生成的土壤，土層通常很淺，含石量超過 50% 以上，排水、通氣良好，唯肥力很低，大都分布於山坡地或森林地的陡峭區，地形不穩定，甚易崩塌，不宜農牧用途，只宜造林、保育。

❷ 灰壤或灰壤化土（弱育土、極育土、淋澱土）

此乃在低溫多雨的針葉林下，土壤有明顯的灰白層（一般在 5 公分厚度左右），以及其下有一層 2.5 公分以上厚度的暗紅色淋澱層（此為有機質與鐵鋁化合物的洗入澱積層），

大都生成於 1,500 公尺以上高山稜線上較平坦地形區，土壤呈強酸性，肥力貧瘠。此土壤在分類上有時可分類弱育土（化育不明顯），有時為極育土（有明顯黏粒洗入層），但標準剖面則為淋澱土。

❸ 暗色或淡色崩積土（新成土）

此乃鄰近高山地區的土壤物質因滾落、滑降，甚至崩塌等位移作用而生成者。新生成者表土有機物多，表層較暗，稱為「暗色崩積土」；堆積時間較久，其有機物已分解殆盡顏色較淡，稱為「淡色崩積土」。基本上，土壤剖面沒有明顯的化育作用，多發生於山區坡度較緩和的崩積地形上，含石量約 25%，通氣、排水良好，可用作農牧地，但需做好水土保持工作。

❹ 黃壤（弱育土、淋溶土）

此乃母質經由弱度化育而生成的土壤，有時可因淋洗作用較強而使黏粒明顯往剖面下層移動，養分（鉀、鈉、鈣、鎂）有的已流失而呈黃、黃棕或紅棕色，且有明顯的土壤構造生成。多生成於丘陵地上相對地形較安定、坡度起伏較緩和之處。土壤多呈酸性，肥力偏低，需做好肥培管理及水土保持，才可做農牧用地。

❺ 紅壤（極育土、氧化物土）

為地表沉積物質經近百萬年來的高溫多雨及乾濕循環交替下，使土壤中的可移動物質淋洗殆盡，僅剩大部分為鋁、鐵氧化物質者。主要分布於臺灣西部的各個洪積層臺地上，是臺灣最古老的土壤。紅壤土層深厚，一般在 2 至 5 公尺，有時厚達 20 至 30 公尺者也有。土壤構造明顯，通氣、排水良好，物理性質絕佳。唯土壤呈強酸性，肥力差，黏性及可塑性佳，因此生產力差，但配合適當的肥培管理，也可使作物有高產量。目前大都種植茶葉、鳳梨、甘蔗等農作物。

❻ 沖積土（新成土、弱育土）

土壤物質經河流沖刷後，帶至下游而逐漸淤積成固定土壤者。土層起先很薄，愈來愈厚，且時間久了，土層中的顏色因人為耕作而改變成淡黃色，因此有「新沖積土」與「老沖積土」之稱。

此類土壤為臺灣地區主要的耕地土壤，主要分布在臺灣西部，大都由丘陵地上的砂頁岩沖積生成的，但彰化平原、屏東平原及蘭陽平原則是由中央山脈的黏板岩物質經河流沖積而生成的。東部的花東縱谷，則是由中央山脈東部的片岩或片麻岩沖積生成。

此類土壤由於沖積及化育時間不同，因此土壤性質變化及差異很大，例如土層深淺、排水好壞、質地粗細、酸鹼度等均有不同。一般而言，新沖積土在新分類系統上均屬於新

成土,而老沖積土在新分類系統上則屬於弱育土。

❼ 黑色土（灰燼土、黑沃土、膨轉土）

凡整個土壤剖面均呈現黑色或黑色占大部分者均屬之。唯實際觀察其土壤形態及物理化學性質時,則可依新土壤分類系統大約分成三類:

⊙ 灰燼土:位於北部陽明山國家公園內的火山灰土壤物質,土壤鬆軟,很輕,有機物多,大都為小團粒,保肥、保水能力超強,但易受沖蝕,土壤易缺磷肥且易產生鋁毒害。

⊙ 黑沃土:位於海岸山脈兩側的平坦谷地中,土色黑且肥力高,土壤構造為團粒,是作物高產量區之一,在臺灣此類土壤面積很小。

⊙ 膨轉土:是東部火成岩混同泥岩生成的黑色土,土層深厚,保肥、保水力強,土壤很黏,內部排水很差,在濕時易膨脹,乾時易龜裂,耕性很差,農民很頭痛。此種土壤不能用於蓋房子、建公路等。在臺灣東部的面積也很小。

❽ 鹽土（新成土）

所謂鹽土,意指土壤加水飽和後的抽出液,其導電度值大於 2 毫姆歐／公分以上者。臺灣鹽土主要分布在西部平原沖積土的濱海地區,海埔新生地及俗稱「鹽分地」均屬此類。此地區大都蒸發散量大於降雨量,且在地下水位較高或排水不良的區域生成。

❾ 臺灣黏土（弱育土、淋溶土）

這種土壤是指臺灣南部地方俗稱的「看天田土壤」,早期農民缺乏灌溉水源,土壤黏重,不易耕犁,因此一切收成都得看天吃飯,因此謔稱為看天田土壤。主要分布於雲林、嘉義、臺南、高雄等縣分靠近山麓地帶前沿的低平臺地上,例如臺南市新營、善化一帶,及高雄縣燕巢等地。

此土壤的土層深厚,質地很黏、很緊密,大塊狀或柱狀土壤構造,有些有黏粒洗入作用,耕性差。其生成背景屬於「湖積作用」的過程。在美國新土壤分類上概屬於弱育土,若有黏聚層則為淋溶土。因此可知,臺灣地區農耕地最多的土類屬於弱育土,約占一半,其次為淋溶土,兩者合計占 73% 左右。

新舊土壤分類名稱對照表	美國舊分類系統（1949）	美國新土壤分類系統（1999）
	石質土	新成土
	灰壤	淋澱土
	灰化土	弱育土、淋澱土
	暗色崩積土	弱育土
	淡色崩積土	弱育土
	幼黃壤	弱育土、淋溶土、極育土
	黃壤	弱育土、極育土
	紅壤	淋溶土、極育土、氧化物土
	退化紅壤	淋溶土、極育土
	黑色土	灰燼土、有機質土、黑沃土、膨轉土
	老沖積土	弱育土、淋溶土
	新沖積土	新成土、弱育土
	混合沖積土	新成土、弱育土、淋溶土
	臺灣黏土	弱育土、淋溶土、極育土
	鹽土	新成土、弱育土、旱境土

附錄 ②
土壤及地下水污染整治法

總統令　中華民國 99 年 2 月 3 日
華總一義字第 09900024211 號

茲修正土壤及地下水污染整治法，公布之。
總　　統　馬英九
行政院院長　吳敦義

土壤及地下水污染整治法
中華民國 99 年 2 月 3 日公布

第一章　總　則

第一條　為預防及整治土壤及地下水污染，確保土地及地下水資源永續利用，改善生活環境，維護國民健康，特制定本法。

第二條　本法用詞，定義如下：

一、土壤：指陸上生物生長或生活之地殼岩石表面之疏鬆天然介質。

二、地下水：指流動或停滯於地面以下之水。

三、底泥：指因重力而沉積於地面水體底層之物質。

四、土壤污染：指土壤因物質、生物或能量之介入，致變更品質，有影響其正常用途或危害國民健康及生活環境之虞。

五、地下水污染：指地下水因物質、生物或能量之介入，致變更品質，有影響其正常用途或危害國民健康及生活環境之虞。

六、底泥污染：指底泥因物質、生物或能量之介入，致影響地面水體生態環境與水生食物的正常用途或危害國民健康及生活環境之虞。

七、污染物：指任何能導致土壤或地下水污染之外來物質、生物或能量。

八、土壤污染監測標準：指基於土壤污染預防目的，所訂定須進行土壤污染監測之污染物濃度。

九、地下水污染監測標準：指基於地下水污染預防目的，所訂定須進行地下水污染監測之污染物濃度。

十、土壤污染管制標準：指為防止土壤污染惡化，所訂定之土壤污染管制限度。

十一、地下水污染管制標準：指為防止地下水污染惡化，所訂定之地下水污染管制限度。

十二、底泥品質指標：指基於管理底泥品質之目的，考量污染傳輸移動特性及生物有效累積性等，所訂定分類管理或用途限制之限度。

十三、土壤污染整治目標：指基於土壤污染整治目的，所訂定之污染物限度。

十四、地下水污染整治目標：指基於地下水污染整治目的，所訂定之污染物限度。

十五、污染行為人：指因有下列行為之一而造成土壤或地下水污染之人：

（一）洩漏或棄置污染物。

（二）非法排放或灌注污染物。

（三）仲介或容許洩漏、棄置、非法排放或灌注污染物。

（四）未依法令規定清理污染物。

十六、潛在污染責任人：指因下列行為，致污染物累積於土壤或地下水，而造成土壤或地下水污染之人：

（一）排放、灌注、滲透污染物。

（二）核准或同意於灌排系統及灌區集水區域內排放廢污水。

十七、污染控制場址：指土壤污染或地下水污染來源明確之場址，其污染物非自然環境存在經沖刷、流布、沉積、引灌，致該污染物達土壤或地下水污染管制標準者。

十八、污染整治場址：指污染控制場址經初步評估，有嚴重危害國民健康及生活環境之虞，而經中央主管機關審核公告者。

十九、污染土地關係人：指土地經公告為污染控制場址或污染整治場址時，非屬於污染行為人之土地使用人、管理人或所有人。

二十、污染管制區：指視污染控制場址或污染整治場址之土壤、地下水污染範圍或情況所劃定之區域。

第三條	本法所稱主管機關：在中央為行政院環境保護署；在直轄市為直轄市政府；在縣（市）為縣（市）政府。
第四條	本法所定中央主管機關之主管事項如下： 一、全國性土壤、底泥及地下水污染預防與整治政策、方案、計畫之規劃、訂定、督導及執行。 二、全國性土壤及地下水污染之監測及檢驗。 三、土壤、底泥及地下水污染整治法規之訂定、研議及釋示。 四、直轄市或縣（市）主管機關土壤、底泥及地下水污染預防、監測與整治工作之監督、輔導及核定。

五、涉及二直轄市或縣（市）以上土壤、底泥及地下水污染整治之協調。

六、土壤及地下水污染整治基金之管理。

七、土壤、底泥及地下水污染檢測機構之認可及管理。

八、土壤、底泥及地下水污染預防與整治之研究發展及宣導。

九、土壤、底泥及地下水污染整治之國際合作、科技交流及人員訓練。

十、其他有關全國性土壤、底泥及地下水污染之管理、預防及整治。

第五條	本法所定直轄市、縣（市）主管機關之主管事項如下：

一、轄內土壤、底泥及地下水污染預防與整治工作實施方案、計畫之規劃、訂定及執行。

二、轄內土壤、底泥及地下水污染整治自治法規之訂定及釋示。

三、轄內土壤及地下水污染預防、監測及整治工作之執行事項。

四、轄內土壤、底泥及地下水污染預防與整治之研究發展及宣導。

五、轄內土壤、底泥及地下水污染預防及整治之人員訓練。

六、其他有關轄內土壤、底泥及地下水污染之管理、預防及整治。

第二章　防治措施

第六條	各級主管機關應定期檢測轄區土壤及地下水品質狀況，其污染物濃度達土壤或地下水污染管制標準者，應採取適當措施，追查污染責任，直轄市、縣（市）主管機關並應陳報中央主管機關；其污染物濃度低於土壤或地下水污染管制標準而達土壤或地下水污染監測標準者，應定期監測，監測結果應公告，並報請中央主管機關備查。

前項土壤或地下水污染監測、管制之適用範圍、污染物項目、污染物標準值及其他應遵行事項之標準，由中央主管機關分別定之。

下列區域之目的事業主管機關，應視區內污染潛勢，定期檢測土壤及地下水品質狀況，作成資料送直轄市、縣（市）主管機關備查：

一、工業區。

二、加工出口區。

三、科學工業園區。

四、環保科技園區。

五、農業科技園區。

六、其他經中央主管機關公告之特定區域。

前項土壤及地下水品質狀況資料之內容、申報時機、應檢具之文件、檢測時機及其他應遵行事項之辦法，由中央主管機關定之。

下列水體之目的事業主管機關，應定期檢測底泥品質狀況，與底泥品質指標比對評估後，送中央主管機關備查，並公布底泥品質狀況：

一、河川。

二、灌溉渠道。

三、湖泊。

四、水庫。

五、其他經中央主管機關公告之特定地面水體。

前項底泥品質指標之分類管理及用途限制，由中央主管機關定之。

第五項底泥品質狀況之內容、申報時機、應檢具之文件、檢測時機及其他應遵行事項之辦法，由中央主管機關定之。

第七條	各級主管機關得派員攜帶證明文件，進入公私場所，為下列查證工作，並得命場所使用人、管理人或所有人提供有關資料： 一、調查土壤、底泥、地下水污染情形及土壤、底泥、地下水污染物來源。 二、進行土壤、地下水或相關污染物採樣及地下水監測井之設置。 三、會同農業及衛生主管機關採集農漁產品樣本。 前項查證涉及軍事事務者，應會同當地軍事機關為之。 對於前二項查證或命提供資料，不得規避、妨礙或拒絕。 檢查機關及人員對於查證所知之工商及軍事秘密，應予保密。 各級主管機關為查證工作時，發現土壤、底泥或地下水因受污染而有影響人體健康、農漁業生產或飲用水水源之虞者，得準用第十五條第一項規定，採取應變必要措施；對於第十五條第一項第三款、第四款、第七款及第八款之應變必要措施，得命污染行為人、潛在污染責任人、場所使用人、管理人或所有人為之，以減輕污染影響或避免污染擴大。 前項應變必要措施之執行期限，以十二個月內執行完畢者為限；必要時，得展延一次，其期限不得超過六個月。 依第五項規定採取應變必要措施，致土壤、地下水污染情形減輕，並經所在地主管機關查證其土壤及地下水污染物濃度低於土壤、地下水污染管制標準者，得不公告為控制場址。
第八條	中央主管機關公告之事業所使用之土地移轉時，讓與人應提供土壤污染評估調查及檢測資料，並報請直轄市、縣（市）主管機關備查。 土地讓與人未依前項規定提供受讓人相關資料者，於該土地公告為控制場址或整治場址時，其責任與本法第三十一條第一項所定之責任同。

第九條	中央主管機關公告之事業有下列情形之一者，應於行為前檢具用地之土壤污染評估調查及檢測資料，報請直轄市、縣（市）主管機關或中央主管機關委託之機關審查：
	一、依法辦理事業設立許可、登記、申請營業執照。
	二、變更經營者。
	三、變更產業類別。但變更前、後之產業類別均屬中央主管機關公告之事業，不在此限。
	四、變更營業用地範圍。
	五、依法辦理歇業、繳銷經營許可或營業執照、終止營業（運）、關廠（場）或無繼續生產、製造、加工。
	前條第一項及前項土壤污染評估調查及檢測資料之內容、申報時機、應檢具之文件、評估調查方法、檢測時機、評估調查人員資格、訓練、委託、審查作業程序及其他應遵行事項之辦法，由中央主管機關定之。
第十條	依本法規定進行土壤、底泥及地下水污染調查、整治及提供、檢具土壤及地下水污染檢測資料時，其土壤、底泥及地下水污染物檢驗測定，除經中央主管機關核准者外，應委託經中央主管機關許可之檢測機構辦理。
	前項檢測機構應具備之條件、設施、許可證之申請、審查、核（換）發、撤銷、廢止、停業、復業、查核、評鑑程序、儀器設備、檢測人員、在職訓練、技術評鑑、盲樣測試、檢測方法、品質管制事項、品質系統基本規範、檢測報告簽署、資料提報、執行業務及其他應遵行事項之辦法，由中央主管機關定之。
	依第一項規定進行土壤、底泥及地下水污染物檢驗測定時，其方法及品質管制之準則，由中央主管機關定之。
第十一條	依本法規定須提出、檢具之污染控制計畫、污染整治計畫、評估調查資料、污染調查及評估計畫等文件，應經依法登記執業之環境工程技師、應用地質技師或其他相關專業技師簽證。
	第三章　調查評估措施
第十二條	各級主管機關對於有土壤或地下水污染之虞之場址，應即進行查證，並依相關環境保護法規管制污染源及調查環境污染情形。
	前項場址之土壤污染或地下水污染來源明確，其土壤或地下水污染物濃度達土壤或地下水污染管制標準者，直轄市、縣（市）主管機關應公告為土壤、地下水污染控制場址（以下簡稱控制場址）。

直轄市、縣（市）主管機關於公告為控制場址後，應囑託土地所在地登記機關登載於土地登記簿，並報中央主管機關備查；控制場址經初步評估後，有嚴重危害國民健康及生活環境之虞時，應報請中央主管機關審核後，由中央主管機關公告為土壤、地下水污染整治場址（以下簡稱整治場址）；直轄市、縣（市）主管機關於公告後七日內將整治場址列冊，送各該鄉（鎮、市、區）公所及土地所在地登記機關提供閱覽，並囑託該管登記機關登載於土地登記簿。

農業、衛生主管機關發現地面水體中之生物體內污染物質濃度偏高時，應即通知直轄市、縣（市）主管機關。

直轄市、縣（市）主管機關於接獲前項通知後，應檢測底泥，並得命地面水體之管理人就環境影響與健康風險、技術及經濟效益等事項進行評估，評估結果經中央主管機關審核，認為具整治必要性及可行性者，於擬訂計畫報請中央主管機關核定後，始得實施。必要時，並得準用第十五條第一項規定。

地面水體之管理人不遵行前項規定時，直轄市、縣（市）主管機關得依行政執行法代履行之規定辦理。依第二項、第三項規定公告為控制場址或整治場址後，其管制區範圍內之底泥有污染之虞者，直轄市、縣（市）主管機關得命污染行為人或潛在污染責任人準用第五項規定辦理，並應將計畫納入控制計畫或整治計畫中執行。

污染行為人或潛在污染責任人不遵行前項規定時，直轄市、縣（市）主管機關得準用第十三條第二項及第二十二條第二項規定辦理。

污染物係自然環境存在經沖刷、流布、沉積、引灌致場址之污染物濃度達第二項規定情形者，直轄市、縣（市）主管機關應將檢測結果通知相關目的事業主管機關，並召開協商會議，辦理相關事宜。必要時，並得準用第十五條規定。

前項之場址，直轄市、縣（市）主管機關得對環境影響與健康風險、技術及經濟效益等進行評估，認為具整治必要性及可行性者，於擬訂計畫報中央主管機關核定後為之。

第三項初步評估之條件、計算方式及其他應遵行事項之辦法，由中央主管機關定之。

依第二項、第三項公告為控制場址或整治場址之土地，如公告後有土地重劃之情形，土地所在地登記機關應將重劃後之地籍資料，通知直轄市、縣（市）主管機關。

	直轄市、縣（市）主管機關或中央主管機關應於控制場址或整治場址公告後，邀集專家學者、相關機關，協助審查及監督相關之調查計畫、控制計畫、整治計畫、健康風險評估及驗證等工作事項。
第十三條	控制場址未經公告為整治場址者，直轄市、縣（市）主管機關應命污染行為人或潛在污染責任人於六個月內完成調查工作及擬訂污染控制計畫，並送直轄市、縣（市）主管機關核定後實施。污染控制計畫提出之期限，得申請展延，並以一次為限。 污染行為人或潛在污染責任人不明或不擬訂污染控制計畫時，直轄市、縣（市）主管機關得視財務狀況及場址實際狀況，採適當措施改善；污染土地關係人得於直轄市、縣（市）主管機關採適當措施改善前，擬訂污染控制計畫，並準用前項規定辦理。
第十四條	整治場址之污染行為人或潛在污染責任人，應於直轄市、縣（市）主管機關通知後三個月內，提出土壤、地下水污染調查及評估計畫，經直轄市、縣（市）主管機關核定後據以實施。調查及評估計畫執行期限，得申請展延，並以一次為限。 整治場址之污染行為人或潛在污染責任人不明或不遵行前項規定辦理時，直轄市、縣（市）主管機關得通知污染土地關係人，依前項規定辦理。 整治場址之污染行為人、潛在污染責任人或污染土地關係人未依前二項規定辦理時，直轄市、縣（市）主管機關應調查整治場址之土壤、地下水污染範圍及評估對環境之影響，並將調查及評估結果，報請中央主管機關評定處理等級。 第十二條第五項至第十項、第十三條第二項與第十五條第一項第七款及第八款規定，得由土壤及地下水污染整治基金支出費用者，應納入前項規定，報請中央主管機關評定處理等級。 前二項污染範圍調查、影響環境之評估及處理等級評定之流程、項目及其他應遵行事項之辦法，由中央主管機關定之。
	<div align="center">第四章　管制措施</div>
第十五條	直轄市、縣（市）主管機關為減輕污染危害或避免污染擴大，應依控制場址或整治場址實際狀況，採取下列應變必要措施： 一、命污染行為人停止作為、停業、部分或全部停工。 二、依水污染防治法調查地下水污染情形，並追查污染責任；必要時，告知

	居民停止使用地下水或其他受污染之水源，並得限制鑽井使用地下水。
	三、提供必要之替代飲水或通知自來水主管機關優先接裝自來水。
	四、豎立告示標誌或設置圍籬。
	五、會同農業、衛生主管機關，對因土壤污染致污染或有受污染之虞之農漁產品進行檢測；必要時，應會同農業、衛生主管機關進行管制或銷燬，並對銷燬之農漁產品予以相當之補償，或限制農地耕種特定農作物。
	六、疏散居民或管制人員活動。
	七、移除或清理污染物。
	八、其他應變必要措施。
	直轄市、縣（市）主管機關對於前項第三款、第四款、第七款及第八款之應變必要措施，得命污染行為人、潛在污染責任人、污染土地關係人或委託第三人為之。
第十六條	直轄市、縣（市）主管機關應視控制場址或整治場址之土壤、地下水污染範圍或情況，劃定、公告土壤、地下水污染管制區，並報請中央主管機關備查；土壤、地下水污染範圍或情況變更時，亦同。
第十七條	土壤、地下水污染管制區內禁止下列行為。但依法核定污染控制計畫、污染整治計畫或其他污染改善計畫之執行事項，不在此限： 一、置放污染物於土壤。 二、注入廢（污）水於地下水體。 三、排放廢（污）水於土壤。 四、其他經主管機關公告之管制行為。 土壤污染管制區內，禁止下列土地利用行為，並得限制人員進入。但經中央主管機關同意者，不在此限： 一、環境影響評估法規定之開發行為。 二、新建、增建、改建、修建或拆除非因污染控制計畫、污染整治計畫或其他污染改善計畫需要之建築物或設施。 三、其他經中央主管機關指定影響居民健康及生活環境之土地利用行為。 地下水污染管制區內，直轄市、縣（市）主管機關得禁止飲用、使用地下水及作為飲用水水源。
第十八條	直轄市、縣（市）主管機關應會同農業、衛生機關會勘污染管制區之農業行為。必要時，得禁止在污染管制區內種植食用農作物、畜養家禽、家畜及養殖或採捕食用水產動、植物。

第十九條	於土壤、地下水污染管制區內從事土壤挖除、回填、暫存、運輸或地下水抽出等工作者，應檢具清理或污染防治計畫書，報請直轄市、縣（市）主管機關核定後，始得實施。 前項工作，由直轄市、縣（市）主管機關為之者，應報請中央主管機關核定後，始得實施。 直轄市、縣（市）或中央主管機關應於前二項清理或污染防治計畫書提出後三個月內，完成審核。 第一項清理或污染防治計畫書，得合併於污染控制計畫、污染整治計畫或其他污染改善計畫中提出。
第二十條	污染土地關係人、土地使用人、管理人或所有人因第十七條至前條之管制，受有損害者，得向污染行為人請求損害賠償。
第二十一條	直轄市、縣（市）主管機關對於整治場址之土地，應囑託土地所在地登記機關辦理禁止處分之登記。土地已進行強制執行之拍賣程序者，得停止其程序。
	第五章　整治復育措施
第二十二條	整治場址之污染行為人或潛在污染責任人應依第十四條之調查評估結果，於直轄市、縣（市）主管機關通知後六個月內，提出土壤、地下水污染整治計畫，經直轄市、縣（市）主管機關核定後據以實施；污染行為人或潛在污染責任人如認為有延長之必要時，應敘明理由，於期限屆滿前三十日至六十日內，向直轄市、縣（市）主管機關提出展延之申請；如有再次延長之必要時，則應敘明理由，於延長期限屆滿前三十日至六十日內向中央主管機關申請展延；直轄市、縣（市）主管機關應將核定之土壤、地下水污染整治計畫，報請中央主管機關備查，並將計畫及審查結論摘要公告。 前項整治場址之污染行為人或潛在污染責任人不明或不遵行前項規定時，直轄市、縣（市）主管機關必要時得視財務狀況、整治技術可行性及場址實際狀況，依第十四條之調查評估結果及評定之處理等級，擬訂土壤、地下水污染整治計畫，降低污染，以避免危害國民健康及生活環境，經中央主管機關核定後據以實施，並將計畫及審查結論摘要公告。 污染土地關係人得於直轄市、縣（市）主管機關進行土壤、地下水污染整治前，提出整治計畫，並準用第一項規定辦理。 土壤、地下水污染整治計畫之實施者，得依第一項、第二項規定之程序，

	提出整治計畫變更之申請；直轄市、縣（市）主管機關亦得視事實需要，依規定自行或命整治計畫實施者變更整治計畫。
	污染行為人、潛在污染責任人或污染土地關係人為多數時，得共同提出土壤、地下水污染整治計畫。
第二十三條	各級主管機關依前條規定核定土壤、地下水污染整治計畫前，應將該計畫陳列或揭示於適當地點，期間不得少於十五日。
	對於前項計畫有意見者，得於前項陳列或揭示日起二十日內以書面方式，向各級主管機關提出。
第二十四條	第二十二條第一項及第三項之土壤、地下水污染整治計畫，應列明污染物濃度低於土壤、地下水污染管制標準之土壤、地下水污染整治目標。
	前項土壤、地下水污染整治計畫之提出者，如因地質條件、污染物特性或污染整治技術等因素，無法整治至污染物濃度低於土壤、地下水污染管制標準者，報請中央主管機關核准後，依環境影響與健康風險評估結果，提出土壤、地下水污染整治目標。
	直轄市、縣（市）主管機關依第二十二條第二項規定訂定土壤、地下水污染整治計畫時，應提出污染物濃度低於土壤、地下水污染管制標準之土壤、地下水污染整治目標；或視財務及環境狀況，提出環境影響及健康風險評估，並依評估結果，提出土壤及地下水污染整治目標，並應另訂土壤、地下水污染控制計畫，及準用第二十二條第二項、第四項規定辦理。
	整治場址之土地，因配合土地開發而為利用者，其土壤、地下水污染整治目標，得由中央主管機關會商有關機關核定。核定整治目標後之整治場址土地，不得變更開發利用方式；其有變更時，應先報請中央主管機關會商有關機關核定，並依其他法令變更其開發利用計畫後，始得為之。整治場址污染物之濃度低於核定之整治目標而解除管制或列管後，如有變更開發利用時，直轄市、縣（市）主管機關應就該場址進行初步評估，並依第十二條規定辦理。
	主管機關依第二項及第三項核定不低於管制標準之整治計畫前，應邀集舉行公聽會。
	前項公聽會之召開程序及相關應遵行事項由中央主管機關定之。
	主管機關依第二項、第四項核定土壤、地下水污染整治計畫時，得依環境狀況，命整治計畫實施者，提出風險管理方式及土壤、地下水污染控制計畫，並準用第二十二條規定程序，經主管機關核定後實施。

	第二項及第三項環境影響與健康風險評估之危害鑑定、劑量反應評估、暴露量評估、風險特徵描述及其他應遵行事項之辦法，由中央主管機關定之。
第二十五條	污染行為人、潛在污染責任人、污染土地關係人或土壤、地下水污染管制區內之土地使用人、管理人或所有人對於土壤、地下水污染整治計畫、污染控制計畫或適當措施之實施，應予配合；各級主管機關得派員攜帶證明文件到場檢查或命提供必要之資料，該等人員不得規避、妨礙或拒絕。
第二十六條	控制場址或整治場址因適當措施之採取、控制計畫或整治計畫之實施，致土壤或地下水污染物濃度低於管制標準時，適當措施採取者或計畫實施者應報請直轄市、縣（市）主管機關或中央主管機關核准。 直轄市、縣（市）主管機關或中央主管機關為前項核准後，應辦理下列事項： 一、公告解除依第十二條第二項、第三項所為控制場址或整治場址之管制或列管，並取消閱覽。 二、公告解除或變更依第十六條所為之土壤、地下水污染管制區之劃定。 三、囑託土地所在地之登記機關塗銷依第十二條第三項所為之控制場址、整治場址登記及依第二十一條所為之土地禁止處分之登記。 直轄市、縣（市）主管機關依前項規定公告解除控制場址、整治場址或土壤、地下水污染管制區之管制，應報中央主管機關備查。 土壤污染整治完成後之土地，各土地使用目的事業主管機關應依土地使用實際需要，辦理土地使用復育事宜。
第二十七條	各級主管機關依第十二條第一項規定進行場址查證時，如場址地下水污染濃度達地下水污染管制標準，而污染來源不明確者，直轄市、縣（市）主管機關應公告劃定地下水受污染使用限制地區及限制事項，依第十五條規定採取應變必要措施，並準用第二十五條規定辦理。 前項場址，經直轄市、縣（市）主管機關初步評估後，有嚴重危害國民健康及生活環境之虞時，準用整治場址依第十四條、第十五條、第二十二條至第二十六條規定辦理。
	第六章 財務及責任
第二十八條	中央主管機關為整治土壤、地下水污染，得對公告之物質，依其產生量及輸入量，向製造者及輸入者徵收土壤及地下水污染整治費，並成立土壤及地下水污染整治基金。 前項土壤及地下水污染整治費之物質徵收種類、計算方式、繳費流程、繳

納期限、委託專業機構審理查核及其他應遵行事項之辦法，由中央主管機關定之。

第一項基金之用途如下：

一、各級主管機關依第七條第一項與第五項、第十二條第一項、第五項至第六項、第八項至第十項與第十三項、第十三條第一項與第二項、第十四條第一項與第三項、第十五條、第二十二條第一項、第二項與第四項、第二十四條第三項至第五項及第二十七條第一項與第二項規定查證、採取應變必要措施、監督、訂定計畫、審查計畫、調查計畫、評估、實施計畫、變更計畫支出之費用。

二、基金求償及涉訟之相關費用。

三、基金人事、行政管理費用、土壤、地下水污染預防及整治相關工作人事費用。

四、各級主管機關執行土壤及地下水污染管制工作費用。

五、土壤、地下水污染查證及執行成效之稽核費用。

六、涉及土壤、地下水污染之國際環保工作事項之相關費用。

七、土壤、地下水品質監測及執行成效之稽核事項之相關費用。

八、關於徵收土壤、地下水污染整治費之相關費用。

九、關於土壤、地下水污染之健康風險評估及管理事項之相關費用。

十、土壤、地下水污染整治技術研究、推廣、發展及獎勵費用。

十一、關於補助土壤、地下水污染預防工作事項。

十二、其他經中央主管機關核准有關土壤、地下水污染整治之費用。

前項基金之獎勵及補助對象、申請資格、審查程序、獎勵及補助之撤銷、廢止與追繳及其他應遵行事項之辦法，由中央主管機關定之。

中央主管機關得派員攜帶證明文件，進入土壤及地下水污染整治費繳費人所屬工廠（場）及營業場所進行相關查核工作或命提供必要之資料，繳費人不得規避、妨礙或拒絕。

| 第二十九條 | 土壤及地下水污染整治基金之來源如下：

一、土壤及地下水污染整治費收入。

二、污染行為人、潛在污染責任人或污染土地關係人依第四十三條、第四十四條規定繳納之款項。

三、土地開發行為人依第五十一條第三項規定繳交之款項。

四、基金孳息收入。

五、中央主管機關循預算程序之撥款。

六、環境保護相關基金之部分提撥。

七、環境污染之罰金及行政罰鍰之部分提撥。

八、其他有關收入。

第三十條 前條土壤及地下水污染整治基金應成立基金管理會（以下簡稱管理會）負責管理及運用，該管理會得依下列需要設置工作技術小組：

一、依第十二條第三項規定之審核整治場址事宜。

二、依第十四條或第二十七條規定之處理等級評定事宜。

三、應變必要措施支出費用之審理事宜。

四、依第二十二條、第二十四條或第二十七條規定之污染整治計畫或整治目標審查核定事宜。

五、其他有關基金支用之審理事宜。

前項管理會得置委員，委員任期二年，其中專家學者不得少於委員總人數三分之二。管理會委員於任期中及該任期屆滿後三年內，均應迴避任期中其所審核之土壤、地下水污染整治相關工作；委員之配偶、直系血親及三親等內旁系血親均應迴避委員任期中其所審核相關整治場址之土壤及地下水污染整治工作。

第三十一條 污染土地關係人未盡善良管理人注意義務，應就各級主管機關依第十三條第二項、第十四條第三項、第十五條、第二十二條第二項及第四項、第二十四條第三項規定支出之費用，與污染行為人、潛在污染責任人負連帶清償責任。

污染土地關係人依前項規定清償之費用、依第十四條第二項及第二十二條第三項支出之費用，得向污染行為人及潛在污染責任人求償。

潛在污染責任人就前項支出之費用，得向污染行為人求償。

第一項污染土地關係人之善良管理人注意義務之認定要件、注意事項、管理措施及其他相關事項之準則，由中央主管機關定之。

第七章 罰 則

第三十二條 違反第七條第五項未採取應變必要措施，或不遵行直轄市、縣（市）主管機關依第十五條第一項第一款、第二項所為之命令，因而致人於死者，處無期徒刑或七年以上有期徒刑，得併科新臺幣五百萬元以下罰金；致重傷者，處三年以上十年以下有期徒刑，得併科新臺幣三百萬元以下罰金。

第三十三條	意圖變更土地使用編定而故意污染土壤者，處一年以上五年以下有期徒刑，得併科新臺幣一百萬元以下罰金。 故意污染土壤或地下水，致成為污染控制場址或整治場址者，處一年以上五年以下有期徒刑。 犯前二項之罪，因而致人於死者，處無期徒刑或七年以上有期徒刑，得併科新臺幣五百萬元以下罰金；致重傷者，處三年以上十年以下有期徒刑，得併科新臺幣三百萬元以下罰金。
第三十四條	污染行為人、潛在污染責任人、污染土地關係人、檢測機構從業人員及第八條、第九條所定評估調查之人員，對於依本法作成之文書為虛偽記載者，處三年以下有期徒刑、拘役或科或併科新臺幣一百萬元以下罰金。 中央主管機關公告之事業代表人依第八條、第九條規定提供或檢具之土壤污染評估調查資料為虛偽記載者，科新臺幣一百萬元以下罰金。
第三十五條	不遵行直轄市、縣(市)主管機關依第十五條第一項第一款所為之命令者，處一年以下有期徒刑、拘役或科或併科新臺幣三十萬元以下罰金。
第三十六條	法人之代表人、法人或自然人之代理人、受僱人或其他從業人員，因執行業務犯第三十二條至前條之罪者，除依各該條規定處罰其行為人外，對該法人或自然人亦科以各該條之罰金。
第三十七條	污染行為人或潛在污染責任人違反第十二條第七項、第十三條第一項、第二十二條第一項、第四項或第二十四條第七項規定，未提送控制計畫或整治計畫者，處新臺幣一百萬元以上五百萬元以下罰鍰，並通知限期補正或改善；屆期未補正或改善者，按次處罰。
第三十八條	有下列情形之一者，處新臺幣二十萬元以上一百萬元以下罰鍰，並得按次處罰： 一、規避、妨礙或拒絕依第七條第一項、第二十五條或第二十八條第五項所為之查證、查核、命令或應配合之事項。 二、未遵行各級主管機關依第七條第五項、第十五條第二項所為之命令。 有下列情形之一者，處新臺幣二十萬元以上一百萬元以下罰鍰，並通知限期補正，屆期未補正者，按次處罰： 一、污染行為人或潛在污染責任人未依第十四條第一項規定提出或執行土壤、地下水污染調查及評估計畫。 二、污染行為人或潛在污染責任人依第十三條第一項或第二十二條第一項

	送直轄市、縣（市）主管機關審查之控制計畫或整治計畫，經直轄市、縣（市）主管機關審查以書面通知補正三次，屆期仍未完成補正。 三、控制計畫或整治計畫實施者未依第十三條、第二十二條第一項、第三項或第二十四條第五項主管機關核定之控制計畫或整治計畫內容實施。
第三十九條	未依第二十八條第二項所定收費辦法，於期限內繳納費用者，應依繳納期限當日郵政儲金一年期定期存款固定利率按日加計利息，一併繳納；逾期九十日仍未繳納者，處新臺幣二十萬元以上一百萬元以下罰鍰。
第四十條	讓與人未依第八條第一項規定報請備查或中央主管機關公告之事業違反第九條第一項規定者，處新臺幣十五萬元以上七十五萬元以下罰鍰，並通知限期補正，屆期未補正者，按次處罰。 污染行為人、潛在污染責任人或污染土地關係人違反第十七條或第十八條規定者，處新臺幣十五萬元以上七十五萬元以下罰鍰，並通知限期改善，屆期未完成改善者，按次處罰；情節重大者，得命其停止作為或停工、停業。必要時，並得勒令歇業。 因污染行為人之行為致土地經公告為污染整治場址時，處新臺幣十五萬元以上七十五萬元以下罰鍰，並公告其姓名或名稱，且污染行為人應接受四小時本法相關法規及環境教育講習。
第四十一條	有下列情形之一者，處新臺幣十萬元以上五十萬元以下罰鍰，並通知限期改善，屆期未改善者，按次處罰；情節重大者，得命其停止作為或停工、停業；必要時，並得勒令歇業： 一、非屬污染行為人、潛在污染責任人或污染土地關係人之人違反第十七條或第十八條規定。 二、違反依第二十七條第一項所公告地下水受污染使用限制地區之限制事項。 未依第十九條第一項規定檢具清理或污染防治計畫書，報請直轄市、縣（市）主管機關核定者，處新臺幣十萬元以上五十萬元以下罰鍰，並通知限期補正；屆期未補正者，按次處罰。 有下列情形之一者，處新臺幣十萬元以上五十萬元以下罰鍰： 一、未經公告為整治場址之污染行為人因其行為致土地經公告為污染控制場址。 二、污染土地關係人未盡善良管理人之注意義務，致土地經公告為污染整治場址。

	前項第一款之污染行為人，直轄市、縣（市）主管機關應公告其姓名或名稱，並命污染行為人接受四小時本法相關法規及環境教育講習
第四十二條	有下列情形之一者，處新臺幣五萬元以上二十五萬元以下罰鍰： 一、違反依第十條第二項所定辦法中有關儀器設備、檢測人員、在職訓練、技術評鑑、盲樣測試、檢測方法、品質管制事項、品質系統基本規範、檢測報告簽署、資料提報及執行業務之規定。 二、未依第十九條第一項核定之清理或污染防治計畫書實施。 三、未經公告為整治場址之控制場址污染土地關係人未盡善良管理人之注意義務，致其土地公告為控制場址。 檢測機構違反前項第一款規定者，中央主管機關並得限期令其改善，屆期未改善者，按次處罰；情節重大者，得撤銷、廢止許可證。 污染行為人違反第四十條第三項及第四十一條第四項規定不接受講習者，處新臺幣五萬元以上二十五萬元以下罰鍰，經再通知仍不接受者，得按次處罰，至其參加為止。
第四十三條	依第十二條第八項、第十三條第二項、第十四條第三項、第十五條、第二十二條第二項、第四項及第二十四條第三項規定支出之費用，直轄市、縣（市）主管機關得限期命污染行為人或潛在污染責任人繳納；潛在污染責任人應繳納之費用，為依規定所支出費用之二分之一。 潛在污染責任人為執行第十二條第七項、第十三條第一項、第十四條第一項、第十五條及第二十二條第一項規定所支出之費用，得於執行完畢後檢附單據，報請中央主管機關核付其支出費用之二分之一。 污染行為人或潛在污染責任人為公司組織時，直轄市、縣（市）主管機關得限期命其負責人、持有超過其已發行有表決權之股份總數或資本總額半數或直接或間接控制其人事、財務或業務經營之公司或股東繳納前二項費用；污染行為人或潛在污染責任人因合併、分割或其他事由消滅時，亦同。 前項污染行為人或潛在污染責任人之負責人、持有超過其已發行有表決權之股份總數或資本總額半數或直接或間接控制其人事、財務或業務經營之公司或股東，就污染行為實際決策者，污染行為人或潛在污染責任人得就第一項支出之費用，向該負責人、公司或股東求償。 污染行為人、潛在污染責任人、依第三項規定應負責之負責人、公司或股東依第一項、第三項規定應繳納之費用，屆期未繳納者，每逾一日按滯納之金額加徵百分之零點五滯納金，一併繳納；逾期三十日仍未繳納者，處

	新臺幣二十萬元以上一百萬元以下罰鍰,並限期繳入土壤及地下水污染整治基金。 依第七條第五項規定支出之應變必要措施費用,直轄市、縣(市)主管機關得準用第一項及第五項規定,限期命污染行為人、潛在污染責任人、依第三項規定應負責之負責人、公司或股東、場所使用人、管理人或所有人繳納。 場所使用人、管理人或所有人就前項支出之費用,得向污染行為人或潛在污染責任人連帶求償。 潛在污染責任人就第一項、第六項及第七項支出之費用,得向污染行為人求償。 第一項、第三項及第六項應繳納費用,於繳納義務人有數人者,應就繳納費用負連帶清償責任。
第四十四條	污染土地關係人未依第三十一條第一項規定支付費用,經直轄市、縣(市)主管機關限期繳納,屆期未繳納者,每逾一日按滯納之金額加徵百分之零點五滯納金,一併繳納;逾期三十日仍未繳納者,處新臺幣二十萬元以上一百萬元以下罰鍰,並限期繳入土壤及地下水污染整治基金。
第四十五條	為保全前二條支出費用之強制執行,直轄市、縣(市)主管機關,得於處分書送達污染行為人、潛在污染責任人、污染土地關係人、場址使用人、管理人或所有人後,通知有關機關,於應繳納費用之財產範圍內,不得為移轉或設定他項權利;其為營利事業者,並得通知目的事業主管機關,限制其減資或註銷之登記。
第四十六條	本法所定之處罰,除本法另有規定外,在中央由行政院環境保護署為之,在直轄市由直轄市政府為之,在縣(市)由縣(市)政府為之。
第四十七條	依本法所處之停工、停業、停止作為或撤銷、廢止許可證之執行,由主管機關為之;勒令歇業,由主管機關轉請目的事業主管機關為之。 經主管機關依本法規定命其停業、部分或全部停工者,應於復工、復業前,檢具完成改善證明文件或主管機關指定之文件,向主管機關申請;經主管機關審查核准後,始得復工、復業。
第八章　附　則	
第四十八條	各目的事業主管機關應輔導事業預防及整治土壤及地下水污染。
第四十九條	依第四十三條、第四十四條規定應繳納之費用,優先於一切債權及抵押權。

第五十條	污染行為人、潛在污染責任人、污染土地關係人、場所使用人、管理人或所有人受破產宣告或經裁定為公司重整前，依第四十三條、第四十四條規定應繳納之費用，於破產宣告或公司重整裁定時，視為已到期之破產債權或重整債權。
第五十一條	整治場址之污染管制區範圍內屬污染行為人、潛在污染責任人或污染土地關係人之土地，不得變更土地使用分區、編定或為違反土壤及地下水污染管制區管制事項之利用。 土地開發行為人依其他法令規定進行土地開發計畫，如涉及土壤、地下水污染整治場址之污染土地者，其土地開發計畫得與第二十二條之土壤、地下水污染整治計畫同時提出，並各依相關法令審核；其土地開發計畫之實施，應於公告解除土壤及地下水污染整治場址之列管後，始得為之。 土地開發行為人於前項土壤及地下水整治場址公告解除列管且土地開發計畫實施前，應按該土地變更後之當年度公告現值加四成為基準，核算原整治場址土壤污染面積之現值，依其百分之三十之比率，繳入土壤及地下水污染整治基金。但土地開發行為人於直轄市、縣（市）主管機關提出整治計畫之日前，已提出整治計畫並完成者，不在此限。
第五十二條	土壤及地下水污染致他人受損害時，污染行為人或潛在污染責任人有數人者，應連帶負損害賠償責任。有重大過失之污染土地關係人，亦同。 污染土地關係人依前項規定賠償損害時，對污染行為人或潛在污染責任人有求償權。
第五十三條	第七條、第十二條至第十五條、第二十二條、第二十四條、第二十五條、第三十七條、第三十八條及第四十三條第一項至第三項、第五項、第七項至第九項規定，於本法施行前已發生土壤或地下水污染之污染行為人、潛在污染責任人、控制公司或持股超過半數以上之股東，適用之。
第五十四條	公私場所違反本法或依本法授權訂定之法規命令而主管機關疏於執行時，受害人民或公益團體得敘明疏於執行之具體內容，以書面告知主管機關。主管機關於書面告知送達之日起六十日內仍未依法執行者，受害人民或公益團體得以該主管機關為被告，對其怠於執行職務之行為，直接向行政法院提起訴訟，請求判令其執行。 行政法院為前項判決時，得依職權判令被告機關支付適當律師費用、偵測鑑定費用或其他訴訟費用予對土壤及地下水污染整治有具體貢獻之原告。 第一項之書面告知格式，由中央主管機關定之。

第五十五條	各級主管機關依本法應收取規費之標準，由中央主管機關定之。
第五十六條	本法施行細則，由中央主管機關定之。
第五十七條	本法除第十一條自本法公布一年後施行外，其餘自公布日施行。

附錄 ❸
國內外土壤相關網站

國內

國立臺灣大學農業化學系
土壤調查與整治研究室
http://www.ac.ntu.edu.tw/soilsc/

國立中興大學土壤環境科學系
http://www.nchu.edu.tw/~soil

行政院農業委員會
http://www.coa.gov.tw

行政院農業委員會農業試驗所
http://www.tari.gov.tw

行政院農業委員會桃園區農業改良場
http://wwwe.coa.gov.tw/external/tydais/

行政院農業委員會苗栗區農業改良場
http://www.mdais.gov.tw/

行政院農業委員會臺中區農業改良場
http://www.tdais.gov.tw/

行政院農業委員會臺南區農業改良場
http://www.tndais.gov.tw/

行政院農業委員會高雄區農業改良場
http://kdais.iyard.org/

行政院農業委員會花蓮區農業改良場
http://www.hdais.gov.tw/

行政院農業委員會臺東區農業改良場
http://www.ttdais.gov.tw/

行政院農業委員會茶業改良場
http://www.coa.gov.tw/external/teais/index.htm

中國

中國土壤網
http://www.chinasoil.net

中國科學院新疆分院
http://www.xjb.ac.cn

廣東省生態環境與土壤研究所
http://www.soil.gd.cn

國外

德國土壤科學研究所
http://www.uni-soilsci.gwdg.de

美國俄亥俄州立大學土壤特性研究室
http://www.ag.ohio-state.edu/~pedology

史丹佛大學土壤與環境化學組
http://soils.stanford.edu

德州專業土壤科學家協會
http://www.io.com/PSSAT

美國奧克拉荷馬州立大學
http://clay.agr.okstate.edu/soilclub/swcchome.htm

英國亞伯丁大學
http://www.abdn.ac.uk/pss

土壤科學單一化指南
http://www.acorn-group.com/p215.htm

土壤構造與組構（澳洲）
http://www.publish.csiro.au

澳洲阿德萊德大學
http://www.roseworthy.adelaide.edu.au/AFS/

水土保持協會
http://www.swcs.org

國際土壤研究與管理委員會
http://www.ibsram.org

歐洲農業保育聯盟
http://www.ecaf.org

美國佛羅里達州立大學水土科學系
http://soils.ifas.ufl.edu

美國亞歷桑那州立大學土水與環境科學系
http://ag.arizona.edu/SWES

美國奧勒崗州立大學作物與土壤科學系
http://www.css.orst.edu

美國德州州立大學土壤與作物科學系
http://soilcrop.tamu.edu

美國田納西州植物與土壤科學系
http://pss.ag.utk.edu/sue

美國密蘇里州立大學土壤與大氣科學系
http://web.missouri.edu/~soilwww/index.html

紐西蘭林肯大學土壤植物與生態科學系土壤物理科學組
http://www.lincoln.ac.nz/spes/groups/soscgrp.htm

美國明尼蘇達州立大學水土與氣候學系
http://www.soils.umn.edu

美國農業部土壤網站
http://www.nrcs.usda.gov/

美國土壤科學學會
http://www.soils.org

美國威斯康辛州立大學麥迪遜分校土壤科學系
http://www.soils.wisc.edu

美國佛蒙特州立大學植物與土壤科學系
http://pss.uvm.edu

美國德州科技大學植物與土壤科學系
http://www.pssc.ttu.edu

美國北達科塔州立大學土壤科學系
http://www.soilsci.ndsu.nodak.edu/

美國加州科技州立大學土壤科學系
http://www.calpoly.edu/~ss/

美國科羅拉多州立大學土壤與作物科學系
http://www.colostate.edu/Depts/SoilCrop

美國密西根州立大學作物與土壤學系
http://www.css.msu.edu/

國家圖書館出版品預行編目資料

土壤：在腳底下的科學／許正一，蔡呈奇，陳
　尊賢著. －－三版. －－臺北市：五南圖書
　出版股份有限公司, 2024.09
　　面；　公分
ISBN 978-626-393-541-9（平裝）

1.CST: 土壤　2.CST: 土壤汙染防制　3.CST:
　土壤保育

434.22　　　　　　　　　　113010014

5P35

土壤：在腳底下的科學

作　　　者 — 許正一（233.8）、蔡呈奇、陳尊賢

企劃主編 — 王俐文

責任編輯 — 金明芬

封面設計 — 姚孝慈

出 版 者 — 五南圖書出版股份有限公司

發 行 人 — 楊榮川

總 經 理 — 楊士清

總 編 輯 — 楊秀麗

地　　　址：106臺北市大安區和平東路二段339號4樓

電　　　話：(02)2705-5066　　傳　　真：(02)2706-6100

網　　　址：https://www.wunan.com.tw

電子郵件：wunan@wunan.com.tw

劃撥帳號：01068953

戶　　　名：五南圖書出版股份有限公司

法律顧問　林勝安律師

出版日期　2017年3月初版一刷
　　　　　2022年4月二版一刷
　　　　　2024年9月三版一刷

定　　　價　新臺幣420元